特異点の こころえ

佐久間一浩
Kazuhiro SAKUMA

トポロジーの本質を視るために

日本評論社

まえがき

　まわりの様子と際立って異なる点を数学では'特異点'という．特異点とは，中学で 2 次関数を習うときからの付き合いとなる．高校数学では，与えられた関数をまずは微分して極値を調べることにより，グラフの形状から面積や体積を求めたり，方程式の解の様子を調べたりする．実はそこに特異点が随所に現れているのである．さらに考える対象を広げるために，「関数」を一般に「写像」に置き換えて考えることもあるが，これも空間の形状をその影から読み取るという素朴で自然な幾何学の考え方である．これが「超モース理論」で，必然的に，このときさまざまな形の特異点に遭遇することになる．

　本書では，こうした多種多様な特異点の理解のための入門編を心掛けた．また，普通の教科書では見かけないマニアックな図も多く盛り込んであるので，その妙味を堪能していただけるであろう．広く高校生・大学生・大学院生および研究者のために，できるだけ手軽に読んで，楽しんでいただけるように配慮したつもりである．最初の 3 章で，高校生や大学生が読むことができる基本的な内容と特異点論の考え方をまとめてある．また，微分トポロジー関連の未解決問題にも多く触れているので，読者の興味に従い研究課題として取り組んでいただくことも可能である．

　適宜，理解の助けとなるように（大学院入試レベルの）100 題ほどの演習問題を挿入したので，問題を考えることにより多様体を視るコツのようなものを身に着けていただけたら幸いである．ただし，解答を附けるのは本書の価格に跳ね返るため，しかもきちんと書こうとすると膨大な量になることが予想されるので，これを断念したことをご容赦願いたい．幾何学関連の教科書を参照して答えを見つけることができないオリジナルな問題もあるので，答えを知りたい場合はお近くの（トポロジーの）専門家を探して，直接尋ねることをお勧めする．

　本書は『数学セミナー』2016 年 10 月号から 2017 年 12 月号までの 15 回

の連載「超モース理論をめぐる旅」の単行本化である．当時の記述を生かし
たため，現在の状況と異なる点があることをお断りしておく．連載および本
書の出版に際して，編集部の飯野玲さんには取り分けお世話になったことに
感謝申し上げたい．

　本書は奇しくも元号が平成から248番目の令和に変わる時期の出版となっ
た．そこで，新元号に因んで万葉集から春の歌を引用しよう：
　　　　　花は根に鳥は古巣に帰るなり春のとまりを知る人ぞなき
　著者にとって，特異点の様相は実に魅惑的であり，本書全体を振り返ると
特異点の世界が将来どこまで進んでいくのか見定め難く，まさに「特異点の
とまりを知る人ぞなき」と言えよう．

　　令和元年5月

　　　　　　　　　　　　　　　　　　　　　　　　　　　　　佐久間一浩

目次

まえがき ····· i

第1章 特異点とは？ ····· 1

1.1 はじめに ····· 3

1.2 2次関数と3次関数 ····· 5

1.3 円錐曲線 ····· 8

1.4 ジェネリックとは ····· 9

1.5 曲面上の特異点 ····· 12

第2章 位相の考え方 ····· 15

2.1 はじめに ····· 15

2.2 高校数学の特異点 ····· 16

2.3 $\mathbb{R}$ と $\mathbb{Q}$ の違い ····· 17

2.4 位相の考え方 ····· 19

2.5 集合を分類する ····· 24

第3章 モース理論 ····· 28

3.1 はじめに ····· 28

3.2 2次曲面 ····· 29

3.3 モース理論 ····· 32

第4章 大域的特異点論とは？ ····· 42

4.1 はじめに ····· 43

4.2 GSTとは？——本書の目指すところ ····· 44

4.3 GSTの研究の目指すところ ····· 46

第5章　特異点現る！ ····· 56

5.1　はじめに ····· 57

5.2　陰関数定理と正則点の分類 ····· 57

5.3　特異点論の歴史（～ 1940 年代）····· 61

第6章　局所的 vs 大域的 ····· 70

6.1　はじめに ····· 71

6.2　特異点論の歴史（1950 年代）····· 73

6.3　特異点論の歴史（1960 年代以降）····· 76

第7章　多様体を視る！（その 1）····· 84

7.1　はじめに ····· 85

7.2　モースの補題 ····· 87

7.3　微分可能多様体の定義と例 ····· 92

第8章　多様体を視る！（その 2）····· 98

8.1　はじめに ····· 99

8.2　多様体のさらなる例 ····· 100

8.3　写像の正則点理論 ····· 103

8.4　ポアンカレ - ホップの定理 ····· 108

第9章　多様体を視る！（その 3）····· 112

9.1　はじめに ····· 112

9.2　閉曲面 ····· 114

9.3　ホモロジー群と閉曲面の分類 ····· 121

第 10 章 多様体を視る！（その 4）⋯⋯ 127

10.1 はじめに ⋯⋯ 128

10.2 ホモロジー群の幾何学的意味 ⋯⋯ 129

10.3 コホモロジー論の初歩 ⋯⋯ 138

第 11 章 はめ込みと埋め込み（その 1）⋯⋯ 142

11.1 はじめに ⋯⋯ 142

11.2 特性類の幾何学的意味 ⋯⋯ 143

11.3 特性類の原理 ⋯⋯ 146

11.4 特性類の計算 ⋯⋯ 149

11.5 はめ込み写像の法束 ⋯⋯ 152

第 12 章 はめ込みと埋め込み（その 2）⋯⋯ 156

12.1 はじめに ⋯⋯ 156

12.2 ジェネリック写像の特異性解消化 ⋯⋯ 157

12.3 4 次元多様体上のジェネリック写像 ⋯⋯ 163

12.4 はめ込み写像の究極予想 ⋯⋯ 165

第 13 章 はめ込みと埋め込み（その 3）⋯⋯ 169

13.1 はじめに ⋯⋯ 169

13.2 4 次元多様体上のジェネリック写像 ⋯⋯ 171

13.3 埋め込みについて ⋯⋯ 179

第14章 沈めこみ写像とファイバー束 ····· 182

14.1 はじめに ····· 182
14.2 ジェット横断性定理 ····· 184
14.3 ファイバー束 ····· 189

第15章 コボルディズム理論 ····· 196

15.1 はじめに ····· 196
15.2 コボルディズム群の単位元 ····· 198
15.3 コボルディズム群の生成元 ····· 202
15.4 符号数公式 ····· 204
15.5 結語 ····· 209

参考文献 ····· 211
索引 ····· 212

第1章 特異点とは？

> 特異点を見よ．そこにこそ本質がある．
> ——ガストン・ジュリア

　これから「超モース理論をめぐる旅」を始めます．大学1年生になると，微分積分学で二変数関数の極大極小問題を扱いますが，これはまさに「モース理論」の基礎にあたる部分です．「モース理論」は多様体の上の関数の特異点から多様体のつくりを調べる理論です．そして「超モース理論」は関数を写像に一般化して，そこに現れる特異点(集合)の配置や位相構造から，多様体のより詳しい構造を調べる理論と考えてください．この本ではさまざまな特異点が登場し，多様体の素朴な形との関連に触れる予定です．

　先日，YouTube で森山直太朗が「さくら」を熱唱するビデオを見ました．女子高校の卒業式に呼ばれて，歌っている場面でした．歌のサビの部分に差し掛かると，体育館にいる女子たちが皆涙を浮かべて高校生活の思い出に感慨無量の面持ちでした．音楽の力の無限の可能性を垣間見た思いでした．それだけで実に感動的な場面でしたが，羨ましさも同時に感じました．数学の講義において，定理の証明の佳境に至る場面で学生たちが涙を流して感動する，などという光景に出くわしたことは残念ながら一度もありません．

　音楽と数学の違いと言ってしまえば，それまでですが，本来数学とは音楽に勝るとも劣らず魅力的な学問でありながら，その感動を講義で実現できていないのは私の教育力の不足といえるかもしれません．感動のあまり涙を誘うような数学の講義をできたら，さぞかし双方にとって思い出深い時間にな

るのだろうと想像できます．涙を誘う講義を行うことは無理にしても，せめて読者の内なる心に火をつけることができるような講義を目指しますので，どうか最後までお付き合いください．

　さて，すぐさま入門の扉を叩いてもよいのですが，門を潜る前にそこで展開される数学的なアイデアを理解しておくと大変都合がよいと思われるので，最初の3章は『超モース理論』への入門前の準備を行います．中学・高校数学の内容が中心で，それらの素朴な題材を少し高い立場から眺めるのが目的となります．また話の展開の理解の一助となるように演習問題を適宜挿入しますが，これにも読者に楽しんでいただく目安を設けました．

　私は常日頃から数学の普及活動に力を注ぎたいと考えていて，そのための想を練っています．ここで一つの案を提示させていただきます．私は常々せっかく数学検定という資格があるので，受験生のみならず，広く数学愛好家の層を広げるためにも数学検定の枠組みをもっと広げて，数学愛好者をもっと増やし，数学好きの方々にはもっと数学を好きになってもらう動機付けはないものだろうか，と考えてきました．そこで，将棋や囲碁などを真似て，「数学力の認定制度」の拡充のための試案を提案させていただきます．それは日本数学会が中心となって，数学力の級および段位認定制度を施行することです．本記事を読まれた数学会の委員の方はご検討ください．日本数学会が正式に級および段位を認定し，会長名の免状の発行制度を確立してみるのはいかがでしょうか．

　級位は数学検定があるので，これはそのままで良いと思われます．段位の認定が日本数学会の役割です．これは一回の試験だけでなく，検定問題のレベルに合わせて得点を割り振り，複数回試験を解くことにより持ち点を加算して，段位の認定が決まるものと考えています．段位の認定の基準案として，私が想定しているのは8段階のレベルです：

- 初段 (修士レベルの易しい基本問題を解くことができる)
- 二段 (修士レベルの標準的な問題を解くことができる)
- 三段 (修士レベルの難しい問題を解くことができる)

※初段〜三段は大学院入試問題に相当するもので，おもに微分積分や線形代数から，さらには解析学・代数学・幾何学の基礎的内容からの出題です．

- 四段 (博士レベルの易しい基本問題を解くことができる)
- 五段 (博士レベルの標準的な問題を解くことができる)
- 六段 (博士レベルの難しい問題を解くことができる)

※四段〜六段はかなり専門的な内容からの出題で，検定問題ではレベルを三段階に分けて難問を出題します.

- 七段 (プロの数学者レベルの問題でやや易しめ)
- 八段 (プロの数学者レベルの問題で難問)

七段と八段の認定は特別です．検定問題という形式ではなくて，課題問題を数日かけて考えてもらい，その考察の結果を持って最寄りの数学会の審査員 (複数名) のところに赴いていただいて，プレゼンテーションを行ってもらいます．審査員の評定結果に従って，七段または八段の認定がなされます．詳細に関しては，まだ検討の余地があると思われますが，取りあえず以上です.

　本書では，解説の中で問題を挿入しますが，末尾に必ず (○分以内で△段) と明記します．これは○分以内に解けたら△段を私ならば認定しますよ，という目安です．問題を解いていただくことによって，読者の皆さんが数学力を判定できる目安となるので，ぜひ愉しんでみてください.

1.1　はじめに

　私は高校時代野球部に所属していました．ポジションは投手で，毎日のように高校のすぐ脇にある多摩川の土手をひたすら走っていた日々を時折思い出します．ある日の練習で，遠投の競い合いがありました．私はたしか 80 m ほどの距離を遠投できたと記憶しています．最近小耳に挟んだ話題ですが，プロ野球で日本ハムの大谷翔平選手が 163 km の速球をスピードガンで記録したとのことです．そこでふと次のような疑問が浮かびました．「大谷選手が遠投をしたら，最大到達距離は何 m になるか？」です.

　この計算を物理的に考えてみましょう．質量 m の地上にある物体は垂直下向きに大きさ mg の重力を受けています．ここで，g は重力加速度とよばれる定数です．水平方向を x 軸に，垂直上向き方向を y 軸に取りましょう．x, y 成分に関する運動方程式は，時間パラメタを t として，それぞれ

4   第1章 特異点とは？

$$m\frac{d^2x}{dt^2} = 0, \quad m\frac{d^2y}{dt^2} = -mg$$

となります．積分すると，

$$\frac{dx}{dt} = v_x, \quad \frac{dy}{dt} = v_y - gt$$

を得ます．ここで，$\boldsymbol{v} = (v_x, v_y)$ は初速度の各成分を表します．さらに積分すると，初期位置を (x_0, y_0) として

$$x = x_0 + v_x t, \quad y = y_0 + v_y t - \frac{1}{2}gt^2$$

を得ます．この2式から，t を消去して

$$y = y_0 + \frac{v_y}{v_x}(x - x_0) - \frac{1}{2v_x^2}g(x - x_0)^2 \tag{1}$$

を得ますので，物体の投げ上げの軌跡の方程式は放物線をなすことがわかりました．

具体的な計算をするために，初期位置を原点にとり $((x_0, y_0) = (0, 0))$，投げ上げの仰角を θ とすると $v_x = |\boldsymbol{v}|\cos\theta$, $v_y = |\boldsymbol{v}|\sin\theta$ なので，(1) より投げ上げの軌跡の方程式は

$$y = x\tan\theta - \frac{g}{2|\boldsymbol{v}|^2\cos^2\theta}x^2 \tag{2}$$

となります．遠投の距離を求めたかったので，物体が地上に再び到達すると考えて，(2) に $y = 0$ を代入すると，倍角公式を用いて

$$x = \frac{|\boldsymbol{v}|^2}{g}\sin 2\theta \leqq \frac{|\boldsymbol{v}|^2}{g} \tag{3}$$

を得ます．したがって，遠投の距離が最大になるのは $\sin 2\theta = 1$ のときで，すなわち仰角が $45°$ のときに最大値 $\dfrac{|\boldsymbol{v}|^2}{g}$ をとることがわかります．

さて，そこで大谷選手が遠投をしたときの最大値を求めてみましょう．水平の投球の最大速度が $163\,\mathrm{km/h}$ なので，投げ上げの初速度として $144\,\mathrm{km/h} = 40\,\mathrm{m/s}$ ぐらいになると換算しましょう．すると重力加速度は $g = 9.8\,\mathrm{m/s^2}$ なので (3) より

$$x = \frac{40^2}{9.8} \fallingdotseq 163\,\mathrm{m}$$

という結果を得ます．私の遠投距離の倍以上です．いやーすごいですね！

ついでにもう少し早い速度の遠投を考えてみましょう．速度 v で投げ上げられた質量 m の物体の力学エネルギー E は，ニュートンの法則より

$$E = \frac{1}{2}mv^2 - G\frac{mM}{r}$$

で与えられます. ここで, G は万有引力定数で, M は地球の質量, r は地球の半径を表します. ボールを投げ上げて, 地球の重力を振り切って, 宇宙の彼方にまで飛ばすには, どのくらいの初速度が必要でしょうか. そのためには, $E > 0$ とならなければならないので, 宇宙の彼方での力学エネルギーを考えると, 不等式

$$v^2 > \frac{2GM}{r}$$

となり, この右辺を計算すると, $v > 11.2\,\mathrm{km/s}$ となります. ボールの質量 m には無関係であることに注意してください. 初速度を時速に直すと, 時速 $40320\,\mathrm{km/h}$ より早く投げれば, ボールは地球を脱出することになります. もちろん, その初速度で投げられる投手は存在しませんが, ロケットならば可能です.

1.2　2 次関数と 3 次関数

今度は放物線を数学的に見てみましょう. それでは早速ですが, いささか不明瞭な次の問を考えてみてください.

「2 次関数 $y = x^2$ と 3 次関数 $y = x^3$ の違いを考察せよ.」

明確な答えが存在する問題ではないことは容易に想像がつくでしょう. こんな褌の緩い表現では試験問題としては提示できませんが, 特異点論を展開する上で基礎となる部分に関係します. どのような観点から関数を眺めるかが重要なのです. グラフを書いてみるとどちらも曲線ですが, $y = x^3$ の方は実数全体 $\mathbb{R}$ から $\mathbb{R}$ への全単射を定めていますが, $y = x^2$ の方は全射でも単射でもありません. つまり, 写像としてずいぶん性質が異なるものです. そのことに気が付いた方は正解とします.

さてここで, この問いをもう少し掘り下げて考えてみましょう. いきなりですが, 途轍もなく大きい集合を考えます：$\mathbb{R}$ から $\mathbb{R}$ への連続関数全体の集合 C です. この C はどんな姿をしているでしょうか？

もちろん, 上の最初の問に出てきた 2 つの関数は集合 C に属していますね. 中学や高校で習った多項式で書かれた関数や有理関数, 無理関数, さらには三角関数や指数関数・対数関数などは, みな集合 C に属しています. こ

こで大学 1 年次に線形代数で習う「ベクトル空間」の定義を思い出してください．和とスカラー倍が定義されている空間です．関数 $f(x), g(x) \in C$ に対して，その和 $f(x)+g(x) \in C$ とスカラー倍 $kf(x) \in C$ ($k \in \mathbb{R}$) は自然に定義されると考えられるので，どうやら C はベクトル空間にはなるようです．

それでは原点にあたる関数は何でしょうか？　これは簡単です．$f(x)=0$ という定数関数が原点にあたります．そう考えると，$f(x)=k$ ($\forall k \in \mathbb{R}$) という定数関数は当然 C に含まれているので，$\mathbb{R}$ は C の一つの座標軸として (部分集合として) 含まれていることになります．例えば，$g(x)=1$ という定数関数は部分集合として含まれる $\mathbb{R}$ の基底だと考えられますね．

それではほかの座標軸や基底にはどんなものがあるでしょうか？　実を言うと，$\mathbb{R}$ という座標軸の近くの座標軸として，$f_2(x)=kx^2$ ($\forall k \in \mathbb{R}$) という関数からなる軸 ($\mathbb{R}x^2$ 軸と書きましょう) と $f_3(x)=kx^3$ ($\forall k \in \mathbb{R}$) という軸 ($\mathbb{R}x^3$ 軸) が考えられます．そう考えると，本節冒頭の問の $y=x^2$ と $y=x^3$ はそれぞれの座標軸の異なる基底ですから，違うのは当たりまえと言えます．冒頭の問の答えとして，この観点で答えられた方は大正解です．この観点を踏襲しますと，任意の自然数 n に対して $\mathbb{R}x^n$ 軸という無限個の座標軸が存在することになります．模式的に図にしてみると，次のようになりましょう：

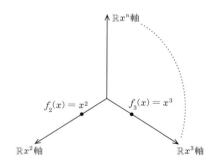

図 **1.1**　集合 C の座標軸

しかし，異なる座標軸はこれですべてを尽くしているかというと，まったくそうではなくて，例えばこのほかにも $\mathbb{R}\sin mx$ 軸や $\mathbb{R}e^{mx}$ 軸など座標軸の無限列がいくらでも考えられて，集合 C の無限次元の空間としての姿の全貌を捉えるのは至難の業といえるでしょう．

さて，冒頭の問をさらに別の観点から眺めてみます．今度は集合 C の中で x^2 と x^3 という関数をちょっと動かしてみることにします．この「ちょっと動かしてみる」というのは，関数を少しだけ揺り動かして座標軸を離れさせてみることで，正確にいうと「関数を摂動する」と表現します．数学的には，1 次関数 ax を加えることを意味することにします．

a を任意の実数とするとき，関数 $f(x) = x^2 + ax$, $g(x) = x^3 + ax$ のグラフを考察してみてください．もちろん，$a = 0$ とすると座標軸上に舞い戻ってきますが，$a \neq 0$ とすれば座標軸を離れていきます．このとき，a の値の取り方によってそれぞれの関数のグラフに何か変化が現れるか否かを考察していただきたいのです．

まずは $f(x) = x^2 + ax = \left(x + \dfrac{a}{2}\right)^2 - \dfrac{a^2}{4}$ と変形できるので，これは x^2 を x 軸方向に $-\dfrac{a}{2}$ 平行移動し，y 軸方向に $-\dfrac{a^2}{4}$ 平行移動しただけですから，グラフの形にさして変化はありませんね．a をパラメタとして放物線の変化を見ると，$\mathbb{R}^3$ の中の曲面ができて，次のようになります：

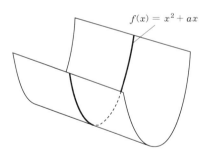

図 **1.2**　曲線群 $x^2 + ax$ のなす曲面

しかしながら，$g(x) = x^3 + ax$ の方はもう少し複雑です．$g'(x) = 3x^2 + a$ なので，$a < 0$ ならば関数のグラフは極大値と極小値をそれぞれ 1 個ずつとりますが，$a \geqq 0$ ならば $g'(x) \geqq 0$ が成り立つので単調増加なグラフになります．曲線群の変化を見ると，$\mathbb{R}^3$ の中の曲面ができて，次のようになります：

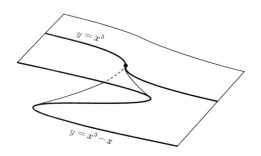

図 1.3　曲線群 $x^3 + ax$ のなす曲面

つまり，変曲点や極値を与える点の個数 (という位相構造) が a の値の取り方によって変化するわけで，$f(x) = x^2 + ax$ の場合とは大きく性質が異なります．この関数を摂動すると，性質が異なることが明らかであると答えられた方は大々正解です．

この現象を端的に表現すると，"2 次関数 x^2 は安定している" といい，"3 次関数 x^3 は安定していない" といいます．モース理論，ひいては写像の特異点理論の最も基本的な考え方です．

微分可能な関数 $f : \mathbb{R} \to \mathbb{R}$ が与えられたとき，$f'(x) = 0$ を満たす点 $x \in \mathbb{R}$ を関数 f の特異点といい，$f(x) \in \mathbb{R}$ を特異値といいます．また，$f'(x) = f''(x) = 0$ を満たす点 $(x, f(x))$ を変曲点といい，変曲点にならない特異点を x とするとき，その特異値 $f(x)$ のことを高校数学では，極値と呼びました．関数 $f(x)$ のグラフの形状は特異点と特異値の配置によって決まるといってもよいわけです．つまり，特異点に関数の性質が集約されているわけです．したがって，さきほどの表現をもう少し厳密に言うと，"2 次関数 $x^2 + ax$ の特異点の位相構造は安定している" といい，"3 次関数 $x^3 + ax$ の特異点の位相構造は安定していない" ということができます．まさに冒頭で述べたジュリアの言葉の通りです．

1.3　円錐曲線

2 次関数 $y = x^2 + ax$ は放物線を表します．放物線は 2 次曲線または円錐曲線の仲間で，このほかにも楕円 (特別な場合に円) や双曲線があります．円錐曲線の命名は，読者もよくご存じのように円錐の平面での切り口として

これらすべての曲線が現れることに由来しています．

このことを物理的に考えると面白いことがわかります．ニュートンは天体が円錐曲線を描くことを示しました．太陽の近くに小さな星 S が近づいてきたとしましょう．S は太陽の引力 (重力) の影響を受けて円錐曲線を描きます．その曲線がどのような曲線になるかは，S の運動エネルギーによって決まります．運動エネルギーは質量と速度の 2 乗の積で決まります．速度が比較的遅くて，太陽の引力の方が勝ると，S の軌道は楕円になって太陽の周りを回ることになります．太陽は焦点にあたります．速度が比較的速くて，太陽の引力に勝ると，S の軌道は双曲線になって，やがて太陽から離れてゆくことになります．速度と太陽の引力がちょうど釣り合うときには，S の軌道は放物線になります．地上での物体の投げ上げの軌跡は，すでに確かめたように放物線になりました．しかし，放物線というのは天体の軌道としてはめったに起こりえない場合であり，それだからこそ関数を摂動しても特異点は安定しているのだ，と言えるかもしれません．

1.4　ジェネリックとは

最近は医薬品の名前としての方が通りがいい，呼び名「ジェネリック」という用語を数学的に解説してみます．ジェネリックというのは，簡単に言うと一般的という意味になります．例えば，平面上に勝手に 3 点を取り，それらを線分で結ぶとジェネリックには三角形ができます．しかし，非常に特殊な場合には 3 点が一直線上に並び三角形にはなりません．このようにジェネリックという用語は特殊な場合を排除する考え方を表します．前節の物理的な話で言うと，太陽の近くに小さな星が近づいてきた場合にその軌道はジェネリックには，楕円または双曲線になると言えます．

さて，物理的には微妙な釣り合いを保つという性質をもった放物線を別の観点から眺めてみましょう．そのため再び，2 次関数 $f(z) = z^2$ を考えます．しかし，変数 x を z に置き換えているので，もうすでにお察しの読者もおられると思いますが，複素関数 $f : \mathbb{C} \to \mathbb{C}, \ f(z) = z^2$ として考えます．複素数 $z = x + iy \in \mathbb{C}$ というのは自然に $(x, y) \in \mathbb{R}^2$ と同一視できるので，この複素関数 $f(z) = z^2$ を微分可能な写像

$$f : \mathbb{R}^2 \to \mathbb{R}^2, \quad f(x, y) = (x^2 - y^2, 2xy)$$

10 第 1 章 特異点とは？

と見なします[1]．このとき，$C = C^\infty(\mathbb{R}^2, \mathbb{R}^2)$ で，$\mathbb{R}^2$ から $\mathbb{R}^2$ への微分可能
写像全体の集合を表し，$f \in C$ が C の中でジェネリックか否かをぜひ考え
てみてください．平面上の 3 点ならば，三角形をなすか否かは簡単にベクト
ルの関係で判定できますが，写像を 1 つ選んでそれがジェネリックか否かと
いうのはどのように判定したらよいのでしょうか？

　そもそもジェネリックという用語をまだきちんと定義していない段階で，
この問いを考えるのは雲を掴むような話に思えるかもしれませんが，それ
は気にせず議論を進めましょう．やはりこの場合も冒頭のジュリアの言葉
が大変役に立つことがわかります．そこで，微分可能写像 $f : \mathbb{R}^2 \to \mathbb{R}^2$,
$(f_1(x,y), f_2(x,y))$ の特異点の定義からです．まずは，写像 f のヤコビ行列を

$$J_f(x,y) = \begin{pmatrix} \dfrac{\partial f_1}{\partial x} & \dfrac{\partial f_1}{\partial y} \\ \dfrac{\partial f_2}{\partial x} & \dfrac{\partial f_2}{\partial y} \end{pmatrix}$$

とします．$\mathrm{rank}\, J_f(x_1, y_1) < 2$ を満たす点 $(x_1, y_1) \in \mathbb{R}^2$ を写像 f の**特異
点**といい，(x_1, y_1) が特異点のとき，$f(x_1, y_1) \in \mathbb{R}^2$ を**特異値**といいます．
さらに，$\mathrm{rank}\, J_f(x,y) = 2$ を満たす点 $(x,y) \in \mathbb{R}^2$ を写像 f の**正則点**といい
ます．特異値でない点 $y \in \mathbb{R}^2$ を f の**正則値**といいます．

　定義に従い，複素関数 $f(z) = z^2$ の写像としての特異点を求めてみま
しょう．

$$J_f(x,y) = \begin{pmatrix} 2x & -2y \\ 2y & 2x \end{pmatrix}$$

より，ヤコビ行列式は $|J_f(x,y)| = 4(x^2 + y^2)$ ですから，$(x,y) = (0,0) \in$
$\mathbb{R}^2$ が写像 f のただ一つの特異点になり，$f(0,0) = (0,0) \in \mathbb{R}^2$ は特異値に
なります．ちなみに，$\mathrm{rank}\, J_f(0,0) = 0$ ですから，写像 f にはヤコビ行列の
階数が 1 となる特異点は現れないことになります．実はこの性質だけでも，
写像 f は C の中でジェネリックではないことがわかるのですが，取りあえ
ずそれは置いておいて，写像 f を摂動してみましょう．すなわち，$\overline{f}(z) =$
$z^2 + 2\varepsilon\overline{z}$ を考えます．ここで，$\overline{z}$ は z の共役複素数を表します．$\overline{z}$ で摂動す
るのは，後述のヤコビ行列式を見やすくするためです．

---

1) 第 1 成分が複素数 z^2 の実部で，第 2 成分が虚部を表します．

$\overline{f}(z) = (x^2 - y^2 + 2\varepsilon x, 2xy - 2\varepsilon y)$ ですから,

$$J_{\overline{f}}(x, y) = \begin{pmatrix} 2x + 2\varepsilon & -2y \\ 2y & 2x - 2\varepsilon \end{pmatrix}$$

より,ヤコビ行列式は $|J_{\overline{f}}(x, y)| = 4(x^2 + y^2 - \varepsilon^2)$ なので,$x^2 + y^2 = \varepsilon^2$ を満たす $(x, y) \in \mathbb{R}^2$ (半径 $|\varepsilon|$ の円上の点) はすべて $\overline{f}$ の特異点になります. しかも,$(x_1, y_1) \in \mathbb{R}^2$ が特異点であるとき,$\mathrm{rank}\, J_{\overline{f}}(x_1, y_1) = 1$ であることに注意してください.

問 1.1 $(x_1, y_1) \in \mathbb{R}^2$ が $\overline{f}$ の特異点であるとき,$\mathrm{rank}\, J_{\overline{f}}(x_1, y_1) = 1$ が成り立つ (ヤコビ行列の階数が 0 となる特異点は現れない) ことを示せ. (15 分以内で初段)

したがって,$\varepsilon \to 0$ のとき,写像 $\overline{f}$ の半径 $|\varepsilon|$ の円の特異点集合が 1 点に潰れて (位相構造が変わって) しまうと考えられます. つまり,$\varepsilon = 0$ のときが特殊で,$\varepsilon \neq 0$ のときが一般的,すなわちジェネリックな写像であることになります.

このことをもう少し掘り下げてみます. 上の例では写像がジェネリックか否かというのが,特異点集合に関するパラメタが $A = \{\varepsilon \in \mathbb{R};\ \varepsilon = 0\}$ に属するか,$\mathbb{R} - A$ に属するかで決まりました. A は $\mathbb{R}$ において測度 0 の集合です. 測度 0 の集合の補集合に属するときに,ジェネリックとよんでよいようです. 朧げながら,「ジェネリック」という用語のイメージが掴めてきたでしょうか.

せっかくなので,上の写像 $\overline{f}$ の振る舞いのさらに面白い部分についても触れておきます. $\overline{f}$ の特異点集合は,半径 ε の円でしたが,その像である特異値集合はどんな姿をしているでしょうか?

特異点を (x, y) とするとき,$x = \varepsilon \cos\theta$,$y = \varepsilon \sin\theta$ とおきます. すると,

$$\overline{f}(x, y) = \varepsilon^2 (\cos 2\theta + 2\cos\theta, \sin 2\theta - 2\sin\theta)$$

となります. この特異値集合を平面上に描こうとするとき,各成分を θ で微分すると,

$$\varepsilon^2 (-2\sin\theta(2\cos\theta + 1), 2(2\cos\theta + 1)(\cos\theta - 1))$$

を得ますから,$\theta = 0, \dfrac{2}{3}\pi, \dfrac{4}{3}\pi$ のとき,平面曲線として 3 つの尖点をもちます. 図に書くと

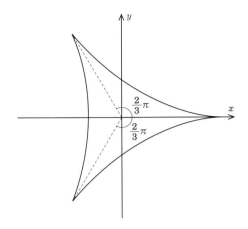

図 **1.4**　$\bar{f}$ の特異値集合

となります．この像は第 4 章で出てくるボーイ曲面 (実射影平面の $\mathbb{R}^3$ へのはめ込み像) の $\mathbb{R}^2$ への正射影として登場しますので，ご期待ください．

1.5　曲面上の特異点

前節で写像の特異点を定義したので，曲面

$$M_1 = \{(x, a, y) \in \mathbb{R}^3;\ y = x^2 + ax\},$$
$$M_2 = \{(x, a, y) \in \mathbb{R}^3;\ y = x^3 + ax\}$$

上に現れる特異点集合の構造を求めてみましょう．図 1.2 と図 1.3 を思い出しておいてください．これらの曲面を図のように印刷面へ射影したものが写像 $f_1: M_1 \to \mathbb{R}^2$, $f_2: M_2 \to \mathbb{R}^2$ であると考えてください．まずは M_1 の形状ですが，大きなハンカチを緩やかに畳んだ姿をしています．ほとんどすべての点が正則点で，局所的な対応が $(X, Y) \mapsto (X, Y)$ のように恒等写像のようになっています．一方，畳んだ折り目の部分は特異点になっていて，局所的な対応が $(X, Y) \mapsto (X, Y^2)$ のようになっています．実際，この対応のヤコビ行列は

$$J = \begin{pmatrix} 1 & 0 \\ 0 & 2Y \end{pmatrix}$$

なので，$(X,0)$ が特異点になっています．これを**折り目特異点**といいます．折り目特異点集合は局所的には直線で1次元の集合になっています．

M_2 の形状はもう少し複雑で，ハンカチを2回緩やかに折り畳んだ姿をしています．折り目特異点が2つの曲線を成していて，それが原点 $(0,0,0) \in \mathbb{R}^3$ でぶつかる形をしています．この原点にあたる点も特異点ですが，局所的な対応が $(X,Y) \mapsto (X, Y^3 - XY)$ のようになっています．この対応のヤコビ行列は

$$J = \begin{pmatrix} 1 & 0 \\ -Y & 3Y^2 - X \end{pmatrix}$$

なので，半直線 $\{(3Y^2, Y); Y \in \mathbb{R}\}$ が特異点集合で，$Y \neq 0$ ならば折り目特異点になっていて，$(X,Y) = (0,0)$ のときは**カスプ特異点**とよばれます．カスプ特異点は離散点 (0次元集合) として現れます．したがって，特異点集合は滑らかな曲線ですが，カスプ特異点が現れる場合には特異値集合は尖点をもつ曲線になり，カスプ特異点の像が尖点に対応します．

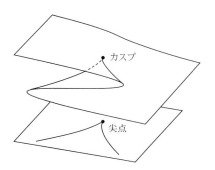

図 **1.5** カスプ特異点とその像

定義域をコンパクトな集合にすると，その像もコンパクトになります．例えば，値域をユークリッド空間にすれば，その像は有界閉集合なので，必ず境界点があり，その境界点が特異値になります．したがって，写像には必ず特異点が現れます．簡単な例として，2次元球面 $S^2 = \{(x,y,z) \in \mathbb{R}^3; x^2 + y^2 + z^2 = 1\}$ を平面に正射影したものを写像 $f: S^2 \to \mathbb{R}^2$, $f(x,y,z) = (y,z)$ とすると，点 $(0,y,z) \in S^2$ が f の特異点 (赤道部分の円周上の点) になり，すべて折り目特異点であることがわかります (図 1.6 参照)：

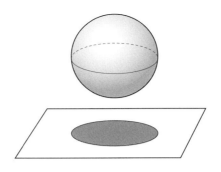

図 1.6　球面の正射影

　この写像 f には，カスプ特異点は現れません．

　一方，球面の代わりに実射影平面 $\mathbb{R}P^2$ をとると，その位相構造の複雑さゆえに写像も複雑な振る舞いをします．ジェネリックな写像 $g: \mathbb{R}P^2 \to \mathbb{R}^2$ を考えると，カスプ特異点が必ず現れます．このことの理由は第 3 章で触れる予定ですので，それまでお待ちください．

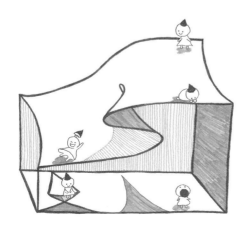

第2章 位相の考え方

2.1 はじめに

　名張にある我が家のすぐ裏手に滝川とよばれる小川があります．赤目四十八滝を源流にもつ美しい川で，毎年6月になるとこの川べりでゲンジボタルとヘイケボタルを目撃することができます．今年も妻とともに夜の八時ころ，静かに舞う淡い蛍の光を鑑賞しました．都会では忘れ去られた原風景と郷愁を誘う見事な自然の姿を堪能するひと時を過ごすことができました．ふと夜空を見上げるとそこには蛍の光に似た満点の星々が溢れていて，しばし広い宇宙の中の小さな地球という青い星に佇む私というさらに小さな存在を実感しました．

　都会の喧騒を離れた自然に触れると，ふと淡い記憶が私の脳裏を流れ星のように掠めます．たしか小学校5年の夏のことと記憶しています．流れ星を観察する宿題が出され，4名ほどからなる班で夏の晩に近所の公園に集まりました．同じ班のある女の子に密かに思いを寄せていた私は，夜空をともに見上げることができる絶好の機会に喜びを隠せなかった，甘酸っぱい思い出が甦ってきます．切ない思い出だけではなく，衝撃的な体験も同時に味わいました．班員のだれかが数十倍の精度の望遠鏡をもっていて，夜空を観測したときに土星の姿をキャッチすることができました．肉眼では星々はただの点にしか見えませんが，望遠鏡で土星を捉えると土星の環がはっきりと見えました．惑星を点ではなく立体的な輪郭として認知した初めての経験で，本当に驚きました．土星とその環の表面 (という2次元図形) を私の目の網膜という平面への写像の特異値として捉えた最初の体験といえます．

　ここで，土星に関するデータを整理しておきましょう．土星は主に水素

16　第 2 章　位相の考え方

とヘリウムからなる巨大なガス惑星で，太陽からの距離は，14 億 3000 万 km で，地球と太陽の距離が 1 億 5000 万 km(光速で約 500 秒の距離) ですから，その 9.55 倍になります．土星の直径は，120536 km で，地球の直径 12756 km の約 9.45 倍にあたります．質量は，地球を 1 とすると 95.16 で，自転周期は 0.44 日 (10.6 時間)，公転周期は 29 年で，約 50 個の衛星 (中でもタイタンが有名で，その直径は 5000 km を超え水星よりも大きい衛星) をもちます．公転周期が 29 年なので，土星は環を傾けた状態で，太陽の周りを 29 年で 1 周しますが，地球との位置関係により環の傾き具合は変化します．環の厚みは数百 m ほどときわめて薄いため，約 15 年に一度地球からみた土星の環がちょうど真横にくるため，環が消えたように見えることがあります．最近では，2009 年にその位置関係になり，土星の環が消えたようになりました．この現象もまさに土星という惑星の姿を (初歩的な) 写像の特異点論で捉えた例といえます．

2.2　高校数学の特異点

　前章では，1 変数関数の場合の特異点の定義を与えました．そこで高校数学の中で展開される特異点論の例を考察しましょう．数学 III の範囲で，「特異点」の面白い振る舞いに関するオリジナルな演習問題を考えてみました．

□**問題 2.1**　曲線 $C : y = e^{-x} \sin x \ (x \geqq 0)$ を考える．C と x 軸で囲まれた部分の面積を y 軸に近い方から順に図 2.1(次ページ) のように $S_0, S_1, S_2, \ldots$ と定める．

　このとき，S_n を求めよ．また，$S = \displaystyle\sum_{k=0}^{\infty} S_k$ とするとき，S の値を求めよ．さらに，不等式

$$m < 1000S < m + 1$$

を満たす整数 m を求めよ．　　　　　　　　　　　　　　　(30 分以内で初段)

　大学入試問題として出題してもよい内容だと思われます．関数の微分と積分の両方の計算が要求されますが，最後の設問だけは (解答時間が限定された) 大学入試の範囲を少し逸脱しています．必要ならば，$e^{\pi} \fallingdotseq 23.14$ という近似値を用いてもよいことにします．この近似値は既知としなくても，数学

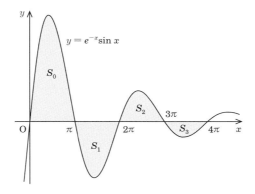

図 2.1 面積 S_n の定義

Ⅲ の範囲で工夫を凝らすことにより，適切に不等式 $\triangle < e^\pi < \triangledown$ による評価を得ることができます．$\triangle$ と $\triangledown$ に当てはまる数値は読者独自で工夫してみてください．この話題については，[2] を参照してください．なお，この本で研究課題として残した不等式 $e^\pi - \pi^e < 1$ の証明問題に「エレガントな解答をもとむ」欄 (『数学セミナー』2015 年 10 月号) で解説を与えましたので，併せて参照すると役に立つと思われます．

2.3 $\mathbb{R}$ と $\mathbb{Q}$ の違い

第 1 章ではジェネリックという用語のイメージを少し体験しました．そのイメージの理解を深めるために，ここではジェネリックではない例に言及します．そこで本節では，実数全体の集合 $\mathbb{R}$ とその部分集合である有理数全体の集合 $\mathbb{Q}$ の，集合として性質の違いを見ることにします．$\mathbb{Q} \subset \mathbb{R}$ という包含関係が成り立ちますが，そこに現れる数学の風景はずいぶんと異なるので，ときどき寄り道をしながら 2 つの集合の本質的違いに注目して解説していきます．その考察を際立たせるために，次の問を考えみてください：

問 2.1 連続関数 $f : \mathbb{R} \to \mathbb{R}$ が任意の $x, y \in \mathbb{R}$ に対して
$$f(x+y) = f(x) + f(y) \tag{$*$}$$
を満たすとき，$f(x) = ax$ であることを示せ．

18   第 2 章　位相の考え方

　$y = 0$ を $(*)$ に代入すると，$f(0) = 0$ を得ます．$f(1) = a$ とおきます．
$x = y = 1$ を $(*)$ に代入すると，$f(2) = 2a$ を得ます．帰納的に $(*)$ を用
いて，任意の自然数 n に対して $f(n) = na$ が成り立ちます．さらに，$x =$
$n, y = -n$ とすると，$(*)$ より $f(-n) = -na$ を得ますから，任意の整数 m
に対して $f(m) = ma$ を得ます．

　等式 $1 = \underbrace{\dfrac{1}{m} + \cdots + \dfrac{1}{m}}_{m}$ と $(*)$ を繰り返し用いて，$f\left(\dfrac{1}{m}\right) = \dfrac{a}{m}$ を得る

ので，帰納的に任意の有理数 $\dfrac{n}{m}$ に対して $f\left(\dfrac{n}{m}\right) = \dfrac{n}{m}a$ が成り立ちます．
ここまでの議論で，関数 f が連続であるという性質は一度も用いていないこ
とに注意してください．

　ここでちょっと横道に逸れて，$\mathbb{Q}$ の性質について再考してみます．例えば
次の漸化式で与えられる数列を考えてみましょう：

$$a_1 = 1, \quad a_{n+1} = \frac{a_n^2 + 2}{2a_n}.$$

この数列 $\{a_n\}$ は実は収束します．その極限値を $a = \lim\limits_{n \to \infty} a_n$ としましょ
う．$\mathbb{Q}$ は四則演算について閉じているので，任意の n に対して，$a_n \in \mathbb{Q}$ で
すが，漸化式の両辺で極限をとると，方程式 $a = \dfrac{a^2 + 2}{2a}$ を解いて $a = \sqrt{2}$
を得ます．しかし，残念ながら極限値 $a = \sqrt{2}$ は有理数の集合 $\mathbb{Q}$ の中に収
まらず，外へ出ていってしまいます．この数列はコーシー列とよばれます．
有理数列 $\{x_n\}$ がコーシー列とは，任意の自然数 M に対して，ある番号 N
をとって，$m, n \geqq N$ ならば不等式 $|x_m - x_n| < \dfrac{1}{M}$ が成り立つときをいい
ます．ここで，N は勝手に取った自然数 M に依存して選んでも構いませ
ん．実数 $\mathbb{R}$ とは $\mathbb{Q}$ のコーシー列によって定まるものと考えることができま
す．(デデキントの切断の定義をご存じならば，実数とは切断のことである
としても構いません.)　結局，$\mathbb{R}$ まで考えると，四則演算と極限について閉
じた集合が得られることになります．

　問題の解の最終部分です．任意の実数 $x \in \mathbb{R}$ が与えられたとき，x に収束
する有理数からなる数列 $\{x_n\}$ をとることができます．x_n は有理数ですか
らすでに示したように，$f(x_n) = ax_n$ が成り立ちます．すると

$$f(x) = f\left(\lim_{n \to \infty} x_n\right) = \lim_{n \to \infty} f(x_n) = ax$$

が得られました．2番目の等号のところで，f が連続関数であることを用いています．この議論を見てもわかるように，f が連続関数であるという仮定なしでは $f(x) = ax$ が成り立つという結論を $\mathbb{Q}$ から $\mathbb{R}$ へ拡張することが難しいのです．これは $\mathbb{R}$ と $\mathbb{Q}$ の，集合としての構造ではなく，別の数学的構造に由来する何かがこれらの構造の違いに現れていると考えられます．蛇足ですが，f が微分可能ならば議論ははるかに簡単で，$(*)$ の両辺を x で微分すると $f'(x+y) = f'(x)$ となることからこれは定数で，初期条件 $f(0) = 0$ より $f(x) = ax$ を得ます．「連続」という条件が微妙な釣り合いを与えるのがわかります．次節でその理由を見ることにしましょう．

2.4 位相の考え方

「連続」という条件は，位相空間論の根源でもあります．集合に閉じた演算が与えられていて，結合法則を満たし，単位元と逆元が存在するとき「群」とよびますが，群はとにかく計算ができるので抽象的な議論に終始することはあまりありません．位相空間には，群のときのような演算は一般には存在しません．ですから，位相空間は'計算'の部分がなくて，群よりも抽象的な議論を行うことになります．とはいえ，図形を見た瞬間に「この二つの図形は異なる！」という直感は大事にしなくてなりません．次の図をみてください．

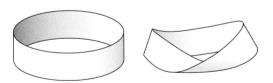

図 **2.2** アニュラス (A) とメビウスの帯 (M)

座標空間 $\mathbb{R}^3$ の中に描かれたアニュラス A とメビウスの帯 M です．この二つの図形は明らかに違う図形ですが，その理由を小学生にもわかるように説明してください．先へ読み進むのをやめてじっくり考えてみてください．

わかったでしょうか．位相空間には，群のように演算はなくても'数'はあ

20 第 2 章 位相の考え方

ります．したがって，図形のどこに注目するかが重要です．ここで注目すべ
きは，それぞれの図形の境界，日常用語でいえば「縁」のことです．図形の
境界という記号は，∂ で表すので，それを使うとアニュラスの境界 ∂A は二
個の円周からなります．一方，メビウスの帯の境界 ∂M は一個の円周のみ
です．小学生でもわかることですが，$1 \neq 2$ ですから，アニュラス A とメビ
ウスの帯 M は異なる図形 (正確には，A と M は同相ではないといいます)
となります．この考え方は，位相空間を区別する「位相不変量」と相通じる
ところがありますので覚えておいてください．

さて，群の '同型' に対応するのが，位相空間の '同相' の概念です．本節の
目標は，「位相空間が同相である」ということの定義を理解していただくこ
とにありますが，そのためには連続性の理解が必要不可欠です．いきなり位
相空間を定めると，抽象的でイメージが掴みにくいでしょうから，その一歩
手前の「距離空間」を見てみましょう．$\mathbb{R}^n$ を n 次元ユークリッド空間とよ
びます．$\mathbb{R}^n$ の任意の点は $(x_1, x_2, \ldots, x_n)$ という n 個の実数からなる座標
で書かれたものです．$n = 1, 2, 3$ までは高校数学の主要な舞台で，ノートに
書くことができます．大学数学では，ノートに書けない $n \geq 4$ の場合もあた
かも見えるように扱います．

2 点 $\boldsymbol{x} = (x_1, x_2, \ldots, x_n)$, $\boldsymbol{y} = (y_1, y_2, \ldots, y_n)$ の距離は，絶対値記号を
用いて

$$|\boldsymbol{x} - \boldsymbol{y}| = \sqrt{(x_1 - y_1)^2 + (x_2 - y_2)^2 + \cdots + (x_n - y_n)^2}$$

によって計算されます．$n = 2, 3$ の場合から類推して，原理は中学数学で学
ぶ三平方の定理 (ピタゴラスの定理) にあるのは容易に察しがつきますね．

ここでとても大事な $\mathbb{R}^n$ の部分集合を定めます．'近傍' と '開集合' とよ
ばれるものです．正の実数 ε に対して，

$$N(\boldsymbol{a}; \varepsilon) = \{\boldsymbol{x} \in \mathbb{R}^n;\ |\boldsymbol{x} - \boldsymbol{a}| < \varepsilon\}$$

とおいて，これを点 $\boldsymbol{a} = (a_1, a_2, \ldots, a_n) \in \mathbb{R}^n$ を中心とする ε **近傍**とよび
ます．$\mathbb{R}^n$ の部分集合 U が任意の点 $\boldsymbol{a} = (a_1, a_2, \ldots, a_n) \in U$ に対して，
$N(\boldsymbol{a}; \varepsilon) \subset U$ が成り立つ ε が存在するとき，U を $\mathbb{R}^n$ の**開集合**といいます．

例えば，$\mathbb{R}$ の開集合について考えてみましょう．$a \in \mathbb{R}$ の ε 近傍は，
$N(a; \varepsilon) = (a - \varepsilon, a + \varepsilon)$ という開区間のことなので，任意の開区間 $(a, b) =$

$\{x \in \mathbb{R}; \ a < x < b\}$ (または開区間の和集合) は $\mathbb{R}$ の開集合になります。閉区間 $[a, b]$ は開集合にはなりません。なぜなら，$a \in [a, b]$ の ε 近傍 $(a - \varepsilon, a + \varepsilon)$ は閉区間 $[a, b]$ からはみ出してしまうからです。

ところで，絶対値記号 $|\ \ |$ は次の三つの性質を持ちます：任意の $\boldsymbol{x}, \boldsymbol{y}, \boldsymbol{z} \in \mathbb{R}^n$ に対して，

(1) $|\boldsymbol{x} - \boldsymbol{y}| \geqq 0$；特に，$|\boldsymbol{x} - \boldsymbol{y}| = 0$ となるための必要十分条件は，$\boldsymbol{x} = \boldsymbol{y}$ が成り立つことである．

(2) $|\boldsymbol{x} - \boldsymbol{y}| = |\boldsymbol{y} - \boldsymbol{x}|$ が成り立つ．

(3) $|\boldsymbol{x} - \boldsymbol{z}| \leqq |\boldsymbol{x} - \boldsymbol{y}| + |\boldsymbol{y} - \boldsymbol{z}|$ が成り立つ．

(1) と (2) は明らかです。(3) の三角不等式の主張も直感的には明らかで，回り道した方がまっすぐ行くよりも遠いということですが，(3) が実際に成り立つことを示すのは少し手応えのある演習問題です。高校で習うと思いますが，コーシー-シュワルツの不等式を用いるとうまく示せます。これは読者の演習としましょう。

さて，距離空間の定義ですが，この絶対値の性質を公理に採用するだけです。X を集合とします。任意の元 $x, y, z \in X$ に対して，次の三つの性質が成り立つとき，d を X の**距離関数**といいます：

(1) $d(x, y) \geqq 0$；特に，$d(x, y) = 0$ となるための必要十分条件は，$x = y$ が成り立つことである．

(2) $d(x, y) = d(y, z)$ が成り立つ．

(3) $d(x, z) \leqq d(x, y) + d(y, z)$ が成り立つ．

このような距離関数 d が定まった集合 X を**距離空間**といいます。(3) の不等式をやはり三角不等式とよびます。

X に距離関数を定める定め方は，無数にあるので，距離空間というのを対 (X, d) で表すこともあります。例えば，$\mathbb{R}$ は $d(x, y) = |x - y|$ で距離空間になりますが，$d_3(x, y) = |x^3 - y^3|$ という距離関数も存在するので，$(\mathbb{R}, d_3)$ も距離空間となります。$d_2(x, y) = |x^2 - y^2|$ とすると，$d_2(1, -1) = 0$ で，$1 \neq -1$ ですから公理 (1) を満たさないので，d_2 は距離関数にはなりません。任意の自然数 n に対して，$d_{2n+1}(x, y) = |x^{2n+1} - y^{2n+1}|$ は $\mathbb{R}$ の距離関数になります。

ここまで来ると，距離空間の開集合の定義は簡単です。(X, d) を距離空間

22   第 2 章 位相の考え方

とします. $a \in X$ に対して, a を中心とする ε 近傍とは

$$N(\boldsymbol{a}; \varepsilon) = \{x \in X; \, d(x, a) < \varepsilon\}$$

のことで, X の開集合は $\mathbb{R}^n$ のときとまったく同様に定めます. 距離空間で真っ当な数学をやろうと画策するとき, どうしてもなくてはならないのが連続写像の概念です. そこで, 大学 1 年次に数学科の学生が最初に悩まされる $\varepsilon - \delta$ 論法 (連続性の厳密な定義) から復習しましょう. まずは高校数学の連続性の定義です. 関数 $f(x)$ が $x = a$ で連続とは

$$\lim_{x \to a} f(x) = f(a)$$

が成り立つことでした. しかし, 高校数学における極限値の定義は大変直感的[1]なもので, それは「x を限りなく a に近づけるとき, $f(x)$ が限りなく $f(a)$ に近づく」というものです. この '限りなく近づける' という表現を数学的に厳密に表そうと試みたのが, 19 世紀初頭のコーシー (やはりフランス人です) で,「任意の正の数 ε に対して, ある正の数 δ が存在して, $|x - a| < \delta$ ならば $|f(x) - f(a)| < \varepsilon$ が成り立つ」というものです. ようするに, 連続性のチェックは極限値の計算ではなくて, 不等式の証明でということです. ただし, 不等式の証明の要点は, うまい $\delta > 0$ を見つけることに尽きますが, この δ は一般に ε の取り方と a の値に依存して定まります.

さて, 距離空間 (X, d_X) と (Y, d_Y) の間の写像 $f : X \to Y$ に対して, 連続性の考え方を拡張しようとするのは, さほど難しいことではありません. 絶対値の部分を距離関数に置き換えるだけでよいのですから. 写像 f が $x = a$ で連続であるとは,

「任意の正の数 ε に対して, ある正の数 δ が存在して, $d_X(x, a) < \delta$ ならば $d_Y(f(x), f(a)) < \varepsilon$ が成り立つ」

ときをいいます. さらに, この連続性の定義は, ε 近傍を用いると文章も短く, はるかに簡明になります.

「任意の正の数 ε に対して, ある正の数 δ が存在して, $f(N(a; \delta)) \subset N(f(a); \varepsilon)$ が成り立つ」

この近傍の包含関係 $f(N(a; \delta)) \subset N(f(a); \varepsilon)$ こそが $\varepsilon - \delta$ 論法の骨子にあ

---

1) 直感的だからといって, 悪い定義というわけではありません.

たります.

いよいよ位相空間が定義できる段階になりました. 安直に言うと, 位相空間というのは開集合が定まる集合のことです. もう少し厳密に定めます. X の部分集合の集まりを $\mathcal{O}_X$ と表し, 次の三つの公理を満たすときに X を位相空間といいます:

(1) $\emptyset \in \mathcal{O}_X$, $X \in \mathcal{O}_X$ である.

(2) $U_1, U_2 \in \mathcal{O}_X$ ならば, $U_1 \cap U_2 \in \mathcal{O}_X$ である.

(3) $\mathcal{O}_X$ に属する任意の個数の集合の和集合は再び $\mathcal{O}_X$ に属する.

この $\mathcal{O}_X$ に属する部分集合を**開集合**といい, $\mathcal{O}_X$ を**開集合族**といいます. X の部分集合 A があって, $X - A$ が開集合になるとき. A を**閉集合**といいます.

'位相空間のこころ' を簡単に述べると, 空集合と全体集合 X はいつでも開集合と考え, 開集合の交わりも開集合, 開集合の任意の個数の和集合も開集合と見なせ, ということです. 比喩的に言うと,

「(裸のままの) 集合 X が開集合という着物を幾重にも着飾り, 位相空間という美しい姿になった」

と考えてください. X が位相空間であるとき, その部分集合 A も位相空間にしたいと思ったら, $\mathcal{O}_X$ の任意の元 U との共通部分 $U \cap A$ を A の開集合と定めれば, A も位相空間になります.

位相空間 X が空でない開集合 U_1, U_2 が存在して, $X = U_1 \cup U_2$ かつ $U_1 \cap U_2 \neq \emptyset$ を満たすとき, X は**連結ではない**といいます. このような開集合が存在しないとき, X を**連結**といいます. X の点 x_0, x_1 に対して, $f:$ $[0,1] \to X$, $f(0) = x_0$, $f(1) = x_1$ を満たす連続写像 f を x_0 と x_1 を結ぶ道といい, X の任意の点 x_0, x_1 を結ぶ道がいつでも存在するとき, X は**弧状連結**といいます. また, 弧状連結な位相空間 X の閉曲線を連続的に変形して, 1 点に縮めることができるならば, X は**単連結**であるといいます.

ここで, とても大事な注意をしておきます. 前節で対比した包含関係 $\mathbb{Q} \subset \mathbb{R}$ についての補足です. k を任意の整数とするとき, $k + 1$ あるいは $k - 1$ は隣の整数で, それらの間には他の整数は存在しません. 一方, 二つの任意の有理数の間には必ず別の有理数が存在します. これを有理数の集合の**稠密**

24　第2章　位相の考え方

性といいますが，これは有理数が $\mathbb{R}$ の中でいっぱい詰まっているという意味です．しかし，いっぱい詰まっていますが，とても残念なことに $\mathbb{Q}$ は $\mathbb{R}$ の開集合ではありません．この稠密という言葉の定義は，位相空間に対して定義される用語です．$A \subset X$ に対して，A を含む (包含関係に関して) 最小の閉集合を $\overline{A}$ と書きます．そうすると，A が X の中で稠密であるとは，$\overline{A} = X$ が成り立つときをいいます．ですから，$\mathbb{Q}$ は $\mathbb{R}$ の開集合ではありませんが，$\overline{\mathbb{Q}} = \mathbb{R}$ が成り立ちます．

2.5　集合を分類する

　数学では，いつでも重要なのが数学的対象を "分類する" ことです．もう少し卑近な言い方をすると，考察の対象とする集合を "部屋分けする" ことです．この分類 (部屋分け) の基準となるのが，**同値関係**です．そこで，まずは同値関係について説明しておきましょう．集合 X の元を $x, y \in X$ とするとき，x と y の間に関係 $x \sim y$ が定まっているとします．このとき，任意の $x, y, z \in X$ に対して，

　（1）　$x \sim x$ が成り立つ．

　（2）　$x \sim y$ ならば $y \sim x$ が成り立つ．

　（3）　$x \sim y$ かつ $y \sim z$ ならば，$x \sim z$ が成り立つ

これら三つの条件を満たすとき，関係 $x \sim y$ のことを**同値関係**といいます．(1) を**反射律**，(2) を**対称律**，(3) を**推移律**などとよびます．

　例えば，X を地球上に住む人類すべての集合としましょう．X は現在おおよそ 72 億人からなります．そこで，X を男性と女性に分けましょう．つまり，$x, y \in X$ に対して，性が同じ場合に $x \sim y$ と定めるのです．すると，x さんは自分自身と性が同じなので，$x \sim x$ が成り立ちます．x さんと y さんの性が同じならば，当然 y さんと x さんの性も同じですから，対称律が成り立ちます．今度は，x さんと y さん，さらに z さんの性を考えますが，x さんと y さんの性が同じで，y さんと z さんの性が同じならば，x さんと z さんの性が一致するのは当たり前ですね．したがって，性が同じならば関係 $\sim$ があるというのは，人類の集合 X における同値関係になります．

　では，なぜ同値関係を考えるのかというと，集合が易しくなり，扱いやすくなるからです．これを説明するために，'同値類' と '商集合' の記号を導入

しておきます．$x \in X$ に対して，集合

$$[x] = \{y \in X;\ x \sim y\}$$

を考え，元 x が属する**同値類**といいます．さらに，同値類 $[x]$ を今度は一つの元と考えて，同値類全体からなる集合を

$$X/\sim\ = \{[x_1], [x_2], [x_3], \ldots\}$$

と書いて，X の同値関係 $\sim$ による (あるいは同値関係で割って得られる) **商集合**といいます．x_1, x_2, x_3 などを**代表元**といいますが，$x \sim y$ ならば，もちろん $[x] = [y]$ です．つまり，同値関係を考えるというのは集合の割り算にあたる考え方なのです．小学校の算数で加減乗除を習ったときも，除法すなわち割り算は，分数の考え方そのもので四則演算の中で一番難しかったことをご記憶の読者もおられるでしょう．割り算は，集合においても一番高級な概念なのです．

集合において同値関係を考えると，次のような利点が生じます：

- X がとてつもなく大きい集合であるとき，X の性質を受け継いだより小さい集合 $X/\sim$ が得られる．
- 集合 X のままでは数学的に扱いが難しいとき，より小さい集合 $X/\sim$ は数学的に扱いやすくなる．
- 集合 X には演算が定義できなくても，$X/\sim$ には演算が定義できて，これが群・環・体となり，代数的に計算できるようになる (ことがある)．

商集合には失われる情報はあっても，もとの集合の骨格は残っていると考えられるのです．

具体例と抽象的な例を一つずつ挙げます．$\mathbb{R}$ で実数全体の集合を表すのでした．とりあえず，$\mathbb{R}$ は無限に続く数直線をイメージ (図 2.3 参照) しておいてください．

図 **2.3** 実直線 $\mathbb{R}$ 上の閉区間 $[0, 1]$

$x, y \in \mathbb{R}$ に対して，

$$x \sim y \quad \stackrel{\text{定義}}{\Longleftrightarrow} \quad x - y \in \mathbb{Z}$$

と関係 ～ を定めます[2]. 例えば, $0 \sim 1$, $\dfrac{1}{2} \sim \dfrac{5}{2}$ ですが, $\dfrac{\sqrt{2}}{2} \not\sim \dfrac{5\sqrt{2}}{2}$ です. では, この同値関係による商集合 $\mathbb{R}/\sim$ はどんな姿をしているでしょうか. 閉区間 $[m, m+1]$ のどの元に対しても, それと同値な $[0,1]$ の元を必ず見つけることができます. ただし, m は任意の整数を表します. ですから, 商集合 $\mathbb{R}/\sim$ の姿を考えるとき, 閉区間 $[0,1]$ だけを取り出すだけで, 十分です. また, 0 と 1 を除いてこの中の元で互いに同値になるものは存在しません. 0 と 1 は同値なので, 閉空間 $[0,1]$ の両端がくっつき合って, 円 ◯ ができます. つまり, 数直線という真っ直ぐな対象が同値関係を導入することで, 曲線に代わったわけです.

次のような疑問をもつ方もおられるでしょう.

「真っ直ぐな空間 $\mathbb{R}$ をわざわざ曲がった空間にする利点はあるのですか？」

ご指摘ごもっともです. しかし, ここでは発想の転換をしてください. 曲がった空間が真っ直ぐな空間の商集合として得られるなら, 曲がった空間の性質は真っ直ぐな空間の情報へフィードバックして調べることも可能なはずです. 曲がった空間は, 幾何学では「多様体」とよばれます. 例えば, 夜空に浮かぶ満月はよく見ると球面になっていて, これも多様体の仲間です.

次に抽象的な例です. 数学の枠組みで一番大きい集合を考えます. 集合全体の集合 $\mathcal{S}$ を考えます[3]. そこで, 集合 $X, Y \in \mathcal{S}$ に対して,

$$X \sim Y \quad \stackrel{\text{定義}}{\Longleftrightarrow} \quad \text{全単射 } f : X \to Y \text{ が存在する} \tag{$*$}$$

と関係 ～ を定めます. この $(*)$ の関係は, 同値関係になります. $X \sim Y$ のとき, 「集合論」では, X と Y は**同じ濃度**をもつといいます. 特に重要なのが, X と Y が無限集合のときで, 同じ濃度をもつというのは無限の個数が同じであることを意味します. カントールが考案したアイデアです.

集合 X の濃度を絶対値を用いて, $|X|$ と表すことがあります. ですから, 集合 X と Y が同じ濃度をもつとき, $|X| = |Y|$ と書くのは自然な発想です

---

2) 読者はこれが同値関係になることを確かめてみてください.

3) 実は, ここでいう一番大きい集合を考えることには論理的な矛盾が潜んでいます. 矛盾の回避の仕方が気になる方は, 拙著 [4] をご覧ください.

ね. さらに, 単射 $f : X \to Y$ が存在するとき, 不等号を用いて $|X| \leqq |Y|$ と書きます. 数の世界では, $a \leqq b$ かつ $b \leqq a$ ならば $a = b$ が成り立つのは当たり前でしたが, 集合の濃度に関して, $|X| \leqq |Y|$ かつ $|Y| \leqq |X|$ ならば $|X| = |Y|$ が成り立つでしょうか. つまり, 二つの単射 $f : X \to Y$, $g : Y \to X$ の存在から, 全単射 $h : X \to Y$ が構成できるか, ということです. 答えはイエス, 実際に全単射が構成できるのですが, 当たり前の事実ではなくて, **ベルンシュタインの定理**という名前でよばれるものです (証明は [4] 参照).

例えば, $X = \{$ 金, 銀, 銅 $\}$, $Y = \{1, 2, 3\}$ とするとき, $|X| = |Y|$ はどちらも有限集合なので明らかですね. 一方, $\mathbb{N}$ を自然数全体の集合, $\mathbb{Z}$ を整数全体の集合, $\mathbb{Q}$ を有理数全体の集合とするとき, 包含関係 $\mathbb{N} \subset \mathbb{Z} \subset \mathbb{Q}$ が成り立ちますが, $|\mathbb{N}| = |\mathbb{Z}| = |\mathbb{Q}|$ となります. 最初の等号は易しいですが, 二番目の等号の証明にはアイデアが要ります. 読者自ら考えてみてください.

最後に, $\mathbb{R}$ と $\mathbb{Q}$ を集合の濃度の観点から見比べて[4]みましょう. $\mathbb{Q}$ は可算無限の濃度を持ちますが, $\mathbb{R}$ の濃度は非可算無限の濃度を持ちます. 記号で書けば, $|\mathbb{Q}| < |\mathbb{R}|$ が成り立ちます. つまり, $\mathbb{Q}$ から $\mathbb{R}$ への単射は存在しますが, $\mathbb{R}$ から $\mathbb{Q}$ への単射は決して存在しません. 測度の観点から書くと, $\mathbb{Q}$ は $\mathbb{R}$ の測度 0 の部分集合 ([2] 参照) です. したがって, $\mathbb{Q}$ は稠密であってもジェネリックではありません. しかし, この隔たり $|\mathbb{Q}| < |\mathbb{R}|$ があるがゆえに, この事実に関わる数学が魅力的で面白くなるという側面は見逃せません.

---

4) 詳しいことは [4] 参照.

第3章 モース理論

3.1 はじめに

　毎年5月の連休になると，我が家お決まりの行事があります．今年も3人の娘たちが帰省してきて，裏庭でBBQをやりました．私はものを燃やすのが好きなので，火をおこしてもっぱら肉と野菜を焼く係です．燃え盛る炎を見ていると，日頃のストレスがどこかにすっ飛んでいく心地よさを感じます．炎のエネルギーが私の心に癒しを与えてくれるためでしょうか．

　燃やすのが好きな私の性格が遺伝したのか，子育て時代にこんな出来事がありました．四女は生まれたときから好奇心に満ち溢れた子で，何でも自分で試してみないと気が済まないところがありました．彼女が3, 4歳の頃の冬のことです．私は突然不穏な気を感じました．見ると，プラスチックのおもちゃを燃え盛るストーブの上にまさに乗せようとしているではありませんか．私は急いで娘の名を呼び，咄嗟に手を叩いておもちゃを叩き落としました．驚いた娘は号泣しましたが，その行為の危険性についてきちんと説明をしました．しかし，本人は叩かれたショックが大きいためか私の説明は耳に入っていないようでした．この瞬間の光景はたびたび思い出すのですが，どのようなタイミングで注意して，どう叱るのが最善であったのか…いまだにその明快な答えは出ないままです．

　2016年5月末に，三重県の伊勢志摩でサミットが行われ，オバマ大統領が原爆投下後アメリカ大統領として初めて広島を訪問して，重要なメッセージを残していきました．1945年8月アメリカのトルーマン大統領は原子爆弾を投下するスイッチをオンにする許可を出し，広島と長崎に2発のキノコ雲が立ち上りました．およそ6000度の爆風が数十万人の命を一瞬にして奪

い，人類史上最も悲惨な出来事となりました．燃え盛るストーブの上におもちゃを乗せるのとは桁違いの惨事でした．大統領の手からオンにされるスイッチを叩き落とす者は誰もいませんでした．

　私は大学 2 年次を終えたところで，2 年間 (1982-84 年) 休学して宣教師活動を行いました．鳥取県の倉吉市，香川県の坂出市，山口県の山口市，最後の半年が広島県広島市でした．毎日朝 10 時にアパートを出て，晩は 9 時過ぎまで徒歩であるいは自転車で地域の人々と語り合いました．地元の方々からその県特有の方言も習いました．鳥取弁，香川弁，山口弁，広島弁それぞれに特徴があり，文化の違いを肌で感じ，日本という国の多様さと奥深さを実体験しました．また県特有の歴史にも触れる機会でもありました．その中でも広島は特に印象が残っています．1983 年当時，原爆投下から 38 年が経過していましたが，原爆の惨事については実に多くの方々がまるで昨日の出来事のように語ってくださいました．それが契機になり，平和記念公園は月に一度の割合で拝観しました．ともに住む同僚たちはアメリカ人だったので，彼らを必ず原爆資料館に連れていき，鮮烈な印象を与える記録映画をともに見ました．おそらく今は見られないと思いますが，1983 年当時に上映されていた記録映画は実に生々しい，まさに原爆の悲惨さを如実に語る構成になっていました．見終わると，決まって彼らは一言も発することができず，広島で活動を行う意味と意義を深く考えているようでした．

　33 年後オバマ大統領が広島へ来て被爆者の方々とハグをする姿に私は深い感慨を覚えました．またその方々が一様に，「感謝します」というコメントを残しているのをテレビで見たとき，22 歳だった私の広島の方々との出会いの記憶が鮮明に蘇ってきました．不思議なことにその感謝の言葉には無念さや恨み，憎しみなどの負の感情はまったく含まれていないように見えました．

3.2　2 次曲面

　前章では放物線を主に考察したので，今度は 2 次曲面を見たいと思います．xyz 空間において 1 次方程式

$$f(x, y, z) = ax + by + cz + d = 0$$

で与えられる図形は，平面を表します．$\boldsymbol{n} = (a, b, c)$ はこの平面の法線ベクトルになります．

2 次方程式
$$px^2 + qy^2 + rz^2 + sxy + tyz + uzx + f(x,y,z) = 0$$
で与えられる図形は **2 次曲面** とよばれます．2 次曲面にはさまざまな図形があります．
$$\frac{x^2}{a^2} + \frac{y^2}{b^2} + \frac{z^2}{c^2} = 1$$
で表される曲面は **楕円面** とよびます．その媒介変数表示は
$$x = a\cos\theta\cos\varphi, \quad y = b\sin\theta\cos\varphi, \quad z = c\sin\varphi$$
で与えられます．ここで，$0 < \theta < 2\pi$, $-\frac{\pi}{2} < \varphi < \frac{\pi}{2}$ です．

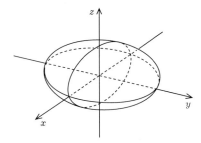

図 **3.1**　楕円面

$$\frac{x^2}{a^2} + \frac{y^2}{b^2} - \frac{z^2}{c^2} = 1$$
で表される曲面は **一葉双曲面** とよばれます．媒介変数表示は
$$x = a\cos\theta\cosh\varphi, \quad y = b\sin\theta\cosh\varphi, \quad z = c\sinh\varphi$$
で与えられます．
$$\frac{x^2}{a^2} + \frac{y^2}{b^2} - \frac{z^2}{c^2} = -1$$
で表される曲面は **二葉双曲面** とよばれます．媒介変数表示は
$$x = a\cos\theta\sinh\varphi, \quad y = b\sin\theta\sinh\varphi, \quad z = c\cosh\varphi$$
で与えられます．

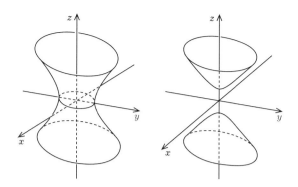

図 **3.2**　一葉双曲面と二葉双曲面

$$\frac{x^2}{a^2} + \frac{y^2}{b^2} - \frac{z^2}{c^2} = 0$$

で表される曲面は **2 次錐面**とよびます．媒介変数表示は

$$x = a\varphi\cos\theta, \quad y = b\varphi\sin\theta, \quad z = \pm c\varphi$$

で与えられます．

$$\frac{x^2}{a^2} + \frac{y^2}{b^2} = z$$

で表される曲面は**楕円的放物面**とよびます．その理由は，z 軸に垂直な平面 ($z = k$) との交わりが楕円になるからです．

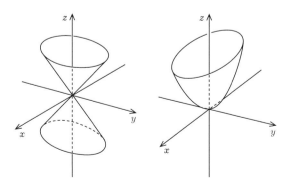

図 **3.3**　2 次錐面と楕円的放物面

$$\frac{x^2}{a^2} - \frac{y^2}{b^2} = z$$

で表される曲面は**双曲的放物面**とよびます．その理由は，z 軸に垂直な平面 ($z=k$) との交わりが双曲線になるからです．馬の鞍の形に似ているため，原点を**鞍点**といいます．

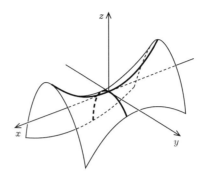

図 **3.4** 双曲的放物面

楕円的または双曲的放物面の方程式の一般形は，$px^2 + qy^2 = z$ と書けます．このとき媒介変数 u, v による表示は

$$x = u - \frac{r}{p}v, \quad y = \frac{r}{q}u + v, \quad z = (pq + r^2)\left(\frac{u^2}{q} + \frac{v^2}{p}\right)$$

と書くことができます．$pq > 0$ のとき，楕円的放物面で，$pq < 0$ のとき，双曲的放物面を表します．

2 次曲面の形を理解しておくと，次節で簡単に紹介する「モース理論」が理解しやすくなると思われます．

3.3 モース理論

次の図 3.5 をご覧ください．日本地図のある地方の等高線が描かれたものです．

カラーだともっとわかりやすいですが，白黒でもどこが高い土地で，どこが低い土地かは等高線から読み取ることができますね．地形のおおよその形は，特別な地点を見いだすことによってわかります．特別な地点とは，山の

図 3.5 等高線の図 (国土地理院ウェブサイトより)

頂上にあたる点 (数学的には極大点) と山と山の尾根にあたる点 (数学的には鞍点) を意味します．このように，高さで地形を判断するのはまさに「モース理論」の考え方と共通します．「モース理論」の考え方は地図から地形を読み取ることを数学的に厳密に理論立てることに相当します．

ところで，地図は英語で「map」ですね．「map」は数学では，「写像」です．写像はすでに本書で何度も登場していますが，定義域 X から値域 Y への対応 $f: X \to Y$ を表します．その特別な場合，$Y = \mathbb{R}$ のときが中学校で最初に習い始める「関数」の考え方にほかなりません．「モース理論」は簡単に言えば，定義域 X を多様体にして，その上の微分可能な関数から X の形を読み取る理論です．この方法は大変強力で，意外に深いことまでわかったりします．たかが関数，されど関数なのです．

上で少し触れたことをもう少し厳密に見てみましょう．地球上の高さ関数を考察するのです．地球の表面は，すでに何度か触れたように 2 次元球面 S^2 と同相ですから，S^2 を $\mathbb{R}^3$ (とりあえず，我々が住む宇宙と考えてください) の中の単位球面と考えます．原点は，地球内のマグマの中心点です．そこで，高さ関数は簡単に

$$f: S^2 \to \mathbb{R}, \quad f(x,y,z) = z$$

で定義されます (図 3.6)．

この関数 f の特別な点は S^2 上のどこにあるでしょうか？ S^2 は 2 次式 $x^2 + y^2 + z^2 = 1$ で定まりますから，値域は $-1 \leqq z \leqq 1$ です．すぐにわか

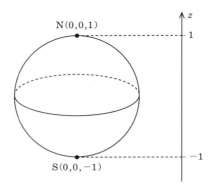

図 3.6　S^2 上の高さ関数

ることは，最大値が 1 であり，最小値が -1 であることです．もう少し正確にいうと，北極点 $N(0,0,1) \in S^2$ で極大かつ最大で，$f(0,0,1) = 1$ であり，南極点 $S(0,0,-1) \in S^2$ で極小かつ最小で，$f(0,0,-1) = -1$ となっています．ところで，点 N と点 S は関数 f の特別な点なので，ほかの S^2 上の点とは異なる特徴付けがあるはずです．

このことの考察を進めるうえで困るのが S^2 が曲がった空間であることです．ユークリッド空間のようにまっすぐな空間ではないため，曲がった空間では全体で使える座標がないので，その座標をどう選ぶかから考える必要があります．とりあえず，北極点 N のあたりの様子を考察したいので，次のような開集合をとりましょう：

$$U_N = \{(x,y,z) \in S^2; z > 0\}.$$

U_N 上では，$z > 0$ なので，任意の点は $(x, y, \sqrt{1-x^2-y^2})$ と表せます．ですから，U_N における座標として x と y を採用しましょう．$x = y = 0$ とすると，$z = 1$ なので，U_N の原点はちょうど点 N にあたります．(x, y) を N を中心とする**局所座標**といいます．S^2 全体で採用できる座標ではないので，'局所' がつくわけです．開集合 U_N は**座標近傍**とよばれます．

このとき，関数 f は $f(x,y,z) = z = \sqrt{1-x^2-y^2}$ となります．そこで，それぞれの局所座標で偏微分してみましょう：

$$\frac{\partial f}{\partial x}(x,y) = \frac{-x}{\sqrt{1-x^2-y^2}},$$
$$\frac{\partial f}{\partial y}(x,y) = \frac{-y}{\sqrt{1-x^2-y^2}}.$$

ここで,偏微分 $\dfrac{\partial f}{\partial x}(x,y)$ とは,x を変数,y を定数とみて,x で微分することを意味し,偏微分 $\dfrac{\partial f}{\partial y}(x,y)$ とは,x と y の役割を入れ替えて計算されます.すると,点 N における偏微分係数は,$(x,y)=(0,0)$ を代入して,$\dfrac{\partial f}{\partial x}(0,0) = \dfrac{\partial f}{\partial y}(0,0) = 0$ です.逆に,連立方程式 $\dfrac{\partial f}{\partial x}(x,y) = \dfrac{\partial f}{\partial y}(x,y) = 0$ を解くと,$(x,y)=(0,0)$ のみを得ますから,偏微分係数が 0 となる点は N だけです.特別な点 N の近くは楕円面の一部と同じ形であることがわかりました.

関数 f が与えられたとき,開集合 U と局所座標 (x,y) を選んで,
$$\frac{\partial f}{\partial x}(x_0,y_0) = \frac{\partial f}{\partial y}(x_0,y_0) = 0$$
を満たす点 (x_0,y_0) を f の**臨界点** (あるいは**特異点**) といいます.この定義は,一見すると開集合 U と局所座標 (x,y) の選び方によるように思えますが,そのようなものの選び方とは独立な概念であることがわかります.臨界点ではない点を関数 f の**正則点**といいます.ベクトル表示だと思えば,
$$\left(\frac{\partial f}{\partial x}(x_0,y_0), \frac{\partial f}{\partial y}(x_0,y_0) \right) \neq (0,0)$$
を満たす点 (x_0,y_0) を f の正則点とよぶのです.

同様にして,S を含む開集合を $U_{\mathrm{S}} = \{(x,y,z) \in S^2; z < 0\}$ として,局所座標は同じく (x,y) を採用すると,S が関数 f の臨界点であることがわかります.このほかに,同じような開集合はあと四つとれて
$$U_{x+} = \{(x,y,z) \in S^2; x > 0\},$$
$$U_{x-} = \{(x,y,z) \in S^2; x < 0\},$$
$$U_{y+} = \{(x,y,z) \in S^2; y > 0\},$$
$$U_{y-} = \{(x,y,z) \in S^2; y < 0\},$$
であり,これらで S^2 は覆い尽くされます.この四つの開集合上の点には臨界点がないことも簡単にわかります.念のため,U_{x+} についてだけやってお

36 第 3 章 モース理論

きましょう．$x > 0$ なので，U_{x+} 上の点は $(\sqrt{1 - y^2 - z^2}, y, z)$ と表せて，局所座標は (y, z) を採用します．関数 f は $f(x, y, z) = z$ ですから，z で偏微分すると，偏微分係数は 1 となるので，U_{x+} 上の点はすべて正則点で臨界点は現れません．

よって，関数 f の臨界点は N と S の 2 点のみであることがわかりました．ここで，N と S で関数 f のテーラー展開 ([2] 参照) を求めておきましょう．そのため，2 変数関数のテーラー展開を簡単に復習しておきます：

---

2 変数関数のテーラー展開 $f(x, y)$ が連続な n 次偏導関数をもつとき，

$$f(x, y) = f(0, 0) + \left(x \frac{\partial}{\partial x} + y \frac{\partial}{\partial y} \right) f(0, 0)$$
$$+ \frac{1}{2!} \left(x \frac{\partial}{\partial x} + y \frac{\partial}{\partial y} \right)^2 f(0, 0)$$
$$+ \cdots + \frac{1}{n!} \left(x \frac{\partial}{\partial x} + y \frac{\partial}{\partial y} \right)^n f(\theta x, \theta y)$$

を満たす $0 < \theta < 1$ が存在する．最後の項を剰余項といって，R_n で表す．

まずは，U_{N} において，$f(x, y, z) = \sqrt{1 - x^2 - y^2}$ ですから，$f(0, 0) = 1$ です．また，$(0, 0)$ は f の臨界点なので，$\dfrac{\partial f}{\partial x}(0, 0) = \dfrac{\partial f}{\partial y}(0, 0) = 0$ より 1 次の項は消えます．さらに，

$$\frac{\partial^2 f}{\partial x^2} = \frac{y^2 - 1}{(1 - x^2 - y^2)^{\frac{3}{2}}},$$
$$\frac{\partial^2 f}{\partial x \partial y} = \frac{-xy}{(1 - x^2 - y^2)^{\frac{3}{2}}},$$
$$\frac{\partial^2 f}{\partial y^2} = \frac{x^2 - 1}{(1 - x^2 - y^2)^{\frac{3}{2}}}$$

なので，$\left(x \dfrac{\partial}{\partial x} + y \dfrac{\partial}{\partial y} \right)^2 f(0, 0) = -x^2 - y^2$ となります．3 次以上の偏導関数は分子に定数項が出てこないので，すべて消えます．したがって，テーラー展開 $f(x, y) = 1 - x^2 - y^2 + R_n$ を得ますが，N の十分近く，つまり

$|x|$, $|y|$ がともに非常に小さいところでは，R_n はきわめて微細な値なのでほとんど無視できます．よって，局所的に $f(x,y) = 1 - x^2 - y^2$ と考えられます．同様のことを U_S の点 S の近くで計算すると，$f(x,y) = -1 + x^2 + y^2$ と考えられます．しかしこれは，さきほどの S^2 の図を再び見てみると誠に然りという結果で，最小値 -1 をとる近くでは，コンタクトレンズを下に寝かした形をしていてあとは 2 次曲線が増えてゆく様子と同じで，最大値 1 をとる近くでは，コンタクトレンズを反対向きにして，2 次曲線が減少してゆく様子が見てとれますね．このときに，2 次関数 $-x^2 - y^2$ や $x^2 + y^2$ が現れるのは，球面 S^2 の方程式からというよりは関数 f の性質から決まると考える方が正しいのです．実は，この関数 $f(x,y,z) = z$ は S^2 上のモース関数になっています．

そこで，モース関数の定義を与えます．M^2 を閉曲面として，関数 $f : M^2 \to \mathbb{R}$ を考えます．さきほどと同じように，M^2 の開集合 U と局所座標 (x,y) を選んで，

$$\frac{\partial f}{\partial x}(x_0, y_0) = \frac{\partial f}{\partial y}(x_0, y_0) = 0$$

を満たす点 (x_0, y_0) を f の**臨界点** (あるいは**特異点**) といいます．さらに，f のヘッセ行列

$$H_f(x_0, y_0) = \begin{pmatrix} \dfrac{\partial^2 f}{\partial x^2} & \dfrac{\partial^2 f}{\partial x \partial y} \\ \dfrac{\partial^2 f}{\partial y \partial x} & \dfrac{\partial^2 f}{\partial y^2} \end{pmatrix}$$

を考えて，臨界点においてヘッセ行列 $H_f(x_0, y_0)$ が正則であるとき，すなわち $|H_f(x_0, y_0)| \neq 0$ であるとき (x_0, y_0) は**非退化**といいます．関数 f の臨界点がすべて非退化であるとき，f を**モース関数**といいます．上の S^2 上の関数が実際にモース関数になっていることをヘッセ行列を計算することによって確かめてみてください．

ここにヘッセ行列が顔を出す理由は，大学 1 年次に学ぶ「微分積分学」の 2 変数関数の極大・極小の判定法に由来します．

2変数関数の極大・極小 $z = f(x, y)$ の極値を求めるには，連立方程式

$$\frac{\partial f}{\partial x}(x, y) = 0, \qquad \frac{\partial f}{\partial y}(x, y) = 0$$

を解いて得られる解の一つを $(x, y) = (a, b)$ とする．このとき，

- $|H_f(a, b)| > 0$ ならば，$\dfrac{\partial^2 f}{\partial x^2}(a, b) > 0$ のとき，$f(a, b)$ は極小であり，$\dfrac{\partial^2 f}{\partial x^2}(a, b) < 0$ のとき，$f(a, b)$ は極大である．
- $|H_f(a, b)| < 0$ ならば，$f(a, b)$ は極値ではない．
- $|H_f(a, b)| = 0$ のときは，ただちに判定できない．

ここで，ヘッセ行列式は

$$|H_f(a, b)| = \frac{\partial^2 f}{\partial x^2}(a, b)\frac{\partial^2 f}{\partial y^2}(a, b) - \left\{\frac{\partial^2 f}{\partial x \partial y}(a, b)\right\}^2$$

です．連立方程式の解である (a, b) はまさに臨界点であり，$|H_f(a, b)| = 0$ のとき，すなわち (a, b) が非退化臨界点ではないときは，判定できない悪い臨界点なので，考察の対象から排除するわけです．こうして見ると，「モース理論」は多様体上の関数における極大・極小の判定の精密化を目指す理論にほかなりません．

さて，非退化臨界点には「指数」という非負整数が定義できます．さきほどの S^2 上のモース関数の臨界点の近くの様子を振り返ってみます．北極点 N の近くでは，$f(x, y) = 1 - x^2 - y^2$ と書け，南極点 S の近くでは，$f(x, y) = -1 + x^2 + y^2$ と書けました．この 'マイナスの項' の個数を非退化臨界点の**指数**とよびます．ですから，N の指数は 2，S の指数は (定数項は関係ないので) 0 です．指数が 1 となる点はこの場合はありません．上の「2変数関数の極大・極小」によれば，極大を与える点は指数 2 の臨界点，極小を与える点は指数 0 の臨界点，$|H_f(a, b)| < 0$ のときが極小でも極大でもない指数 1 の臨界点になります．

そこで，トーラス

$$T^2 = \{(x, y, z) \in \mathbb{R}^3;\ (x^2 + y^2 + z^2 + 3)^2 = 16(y^2 + z^2)\}$$

上の関数を $g: T^2 \to \mathbb{R}$, $g(x,y,z) = z$ で定めます．S^2 の場合と同じく，z 座標の方向の高さ関数です．すると g はモース関数になっていることが確かめられて，臨界点は全部で 4 個，$(0,0,\pm 3)$, $(0,0,\pm 1)$ です．最大値は，$f(0,0,3) = 3$ で，最小値は $f(0,0,-3) = -3$ ですね．臨界点 $(0,0,3)$ の指数は 2，$(0,0,-3)$ の指数は 0 ですが，二つの臨界点 $(0,0,\pm 1)$ における指数は共に 1 になっています．指数 1 の臨界点の近くでは，$g(x,y) = c - x^2 + y^2$ (c：定数) となっています．指数 1 の臨界点は鞍点とよばれることもあります．これらのことは，座標近傍をとって，丁寧に計算していけば難しい部分は一つもありませんが，ただ最後まで計算するためには根気が要求されます．モース関数初心者の方がこの計算を実行すると，最低でも 30 分くらいはかかると思われます．紙と鉛筆を用意して，地道な計算に挑んでみてください．

次の図をご覧ください．

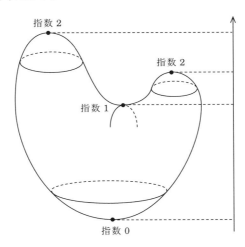

図 **3.7** 少し歪んだ球面

S^2 の定義式は，もとは $x^2 + y^2 + z^2 = 1$ という綺麗な 2 次方程式で書けましたが，一部分をちょっと指で押して歪めた S^2 の図と思ってください．曲がった空間なので，この定義式を見つけるのは容易ではないですが，臨界点の考察は容易です．この図の高さ関数を h とすると，h の臨界点は全部で

40　第 3 章　モース理論

4 個で，指数 0 の臨界点が 1 個，指数 2 の臨界点が 2 個，指数 1 の臨界点が 1 個現れています．これを再び位相的に見ることにしましょう．モース関数 φ が与えられたとき，指数 0 の臨界点の個数を $c_0(\varphi)$，指数 1 の臨界点の個数を $c_1(\varphi)$，指数 2 の臨界点の個数を $c_2(\varphi)$ とします．すると S^2 上のモース関数に関して，次の等式が成り立ちます：

$$c_0(f) - c_1(f) + c_2(f) = 2 = c_0(h) - c_1(h) + c_2(h)$$

ここで交代和をとることがポイントです．ところで，真ん中に現れている 2 は S^2 のオイラー標数 $\chi(S^2)$ ですね．ついでですから，トーラスの場合も確かめておくと

$$c_0(g) - c_1(g) + c_2(g) = 0 = \chi(T^2)$$

で確かに臨界点の個数の交代和がオイラー標数に一致しています．つまり，臨界点の個数の交代和はモース関数の選び方とは無関係な閉曲面の位相不変量であるオイラー標数に一致するということです．このことに最初に気づいた数学者がアメリカのマーストン・モース (Marston Morse) で，1930 年代のことです．モースは指数 k の臨界点の個数 c_k と k 次元ベッチ数 b_k の間に，不等式 $b_k \leqq c_k$ $(k = 0, 1, 2)$ が成り立つことを証明しました．これを**モースの不等式**といいます．さらにこれを用いてオイラー標数等式

$$\chi(M^2) = b_0 - b_1 + b_2 = c_0 - c_1 + c_2$$

を得ました．

　ここでは，閉曲面に限定してモース関数の話を進めましたが，一般の n 次元多様体の上で，モース関数は定義できて，モースの不等式やオイラー標数等式が証明されます．

　それでは，「モース理論」についてまとめておきましょう．M^n を n 次元多様体とします．正式な「多様体」の定義は後の章で与えますので，ここでは閉曲面の一般化ぐらいの理解で十分です．微分可能な関数 $f : M^n \to \mathbb{R}$ がモース関数であるとは，f のすべての臨界点が非退化であるときをいいます．ただし，座標近傍と局所座標 $(x_1, x_2, \ldots, x_n)$ をとって，連立方程式

$$\frac{\partial f}{\partial x_1}(\boldsymbol{x}) = \frac{\partial f}{\partial x_2}(\boldsymbol{x}) = \cdots = \frac{\partial f}{\partial x_n}(\boldsymbol{x}) = 0$$

の解である f の点 $\boldsymbol{a} = (a_1, a_2, \ldots, a_n)$ が臨界点であり，ヘッセ行列

$$H_f(\boldsymbol{a}) = \left(\frac{\partial^2 f}{\partial x_i \partial x_j}(\boldsymbol{a}) \right)_{1 \le i,j \le n} \quad \text{が正則行列であるとき, } (a_1, a_2, \ldots, a_n) \text{ を}$$

非退化臨界点といいます. また, $f : M^n \to \mathbb{R}$ がモース関数であるとき, $(a_1, a_2, \ldots, a_n)$ を f の臨界点とすると, この点の近くで関数 f は

$$f(x_1, \ldots, x_n) = f(a_1, \ldots, a_n) - x_1^2 - \cdots - x_\lambda^2 + x_{\lambda+1}^2 + \cdots + x_n^2$$

と書けるので, λ をその臨界点の指数と定めます. さらに, 任意のモース関数 $f : M^n \to \mathbb{R}$ に対して, 指数 λ の臨界点の個数を $c_\lambda(f)$ とするとき, モースの不等式 $b_k(M^n) \le c_k(f)$ が成り立ち, これよりオイラー標数等式

$$\chi(M^n) = \sum_{\lambda=0}^{n} (-1) c_\lambda(f)$$

が得られます.

　本節を閉じるにあたり, とても大切な注意をしておきます. これらの有用な結果は, モース関数が存在して初めて成り立つことです. しかし, 何度も言って筆濃いようですが, 曲がった空間の上で解析学を実行するのは難しいことなので, モース関数が絵に描いた餅では困りますね. モース関数の存在が保証されなければ, モース関数を持ち出す意味がありません. そのためには, 関数空間 $C^\infty(M^n, \mathbb{R})$ (M^n 上の微分可能関数全体の位相空間) の部分集合であるモース関数全体 $\mathrm{Morse}(M^n, \mathbb{R})$ の位相空間として考察が必要不可欠です. とりあえず, 答えだけ述べておきます. モース関数全体 $\mathrm{Morse}(M^n, \mathbb{R})$ は関数空間の中で開集合になります. さらに, ここが大事な点ですが, 開集合であるばかりでなく, 稠密になります ([1] 参照). 言い換えれば, 任意の $f \in C^\infty(M^n, \mathbb{R})$ が不幸にしてモース関数でなければ, f をちょっと変形すれば必ずモース関数が得られることがわかります.

第4章 大域的特異点論とは？

　3章にわたる準備が終わったので，いよいよ「超モース理論」の扉を叩くことにしましょう．『超モース理論』は私の勝手な造語で，いささか慇懃ですが，その心は英語で表現すると，Higher dimensional Morse theory(より高い次元の「モース理論」) の意となりましょう．

　従来の「モース理論」が微分可能な**関数** (すなわち行き先が 1 次元) の理論なのに対して，『超モース理論』は行き先がより高次元の**写像**の理論を目指しています．この分野の創始者の一人であるルネ・トム (R. Thom) は自身の研究を「モース理論の一般化」と位置づけていました．ですから，『超モース理論』においては，"空間と微分可能な写像の相互関係を調べる" ことが主要なテーマとなります．さらに詳しくいうと，

> "ある空間上で定義された微分可能写像の特異点の配置や位相構造の情報がその空間 (概ね多様体を想定) の (微分) 位相幾何学的な形状をどのように決めるかを調べる"

理論の構築を目的としています．専門的には，「大域的特異点論」(Global Singularity Theory, 略して GST) とよばれる研究分野です．H. ホイットニーやトムによる 1950 年代半ばの論文が始まりで，研究が発展し始めたのは 1990 年代以降のことで，まだまだ若い研究分野です．ですから，GST を解説した本格的な和書はおそらく存在しないと思われます．ただし，[1] では特別な次元対の場合の GST を論じています．この現状を鑑み，刻苦精励のもと GST 研究の直感的に理解しやすい入門解説を試みる次第です．読者には，そこのところをご了簡いただき，ぜひ本書を愉しんでください．

□問題 **4.1** 本論に入る前に，軽く GST の準備体操をしておきましょう．次の図をご覧ください：

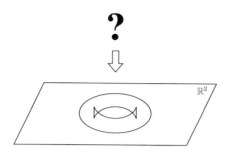

図 4.1 ある閉曲面の射影図

これは $\mathbb{R}^3$ の中に実現されたある閉曲面 F の $\mathbb{R}^2$ への射影図で，そこに描かれた円周やアメ玉の図は F の輪郭を表しています．これは閉曲面 F を少し傾けて射影した図，あるいは $\mathbb{R}^3$ の中に実現された閉曲面 F を $\mathbb{R}^3$ の原点を通る少し斜めの平面へ射影した図と考えても同じことです．このとき，図の特徴から閉曲面 F が何であるか言い当ててください．これが問題です．

4.1 はじめに

私の大好きな漫画に『花の慶次』(隆慶一郎原作，原哲夫画) という作品があります．戦国時代の，どちらかというと無名の武士・前田慶次が主人公で，"傾き者"の生涯を描くのが主要なテーマです．傾き者とは，"立ち居振る舞いや考え方が周囲の人々とは大きく異なる者"，つまり「傾く」とは「異風の姿形を好み，突飛な行動を愛する」ことであり，現代的にいえば "ツッパリ"(この表現はもう古い？) となりましょう．真の傾き者は，己の掟のためにまさに命を賭したため，際だって奇抜な性格や行いが目立つのが特徴です．

さて，数学者もどちらかというと世間では「傾き者」と認識されているようです．「変人」(恋人ではありません！) や「世捨て人」という先入観をもたれている感もあり，実際かなり変わった人が多いのもたしかな気がします．また，数学者には，俗世間から超然とし，高潔かつ清貧を貫くことが最

高の美徳という暗黙の掟があるように見受けられます．これは数学という学問そのものの性格が大きく反映しているのかもしれません．

"Regardez les singularités. Il n'y a que ça qui compte." 第1章の冒頭で引用したフランスの数学者 G. ジュリアの味わい深い言葉で，日本語訳を再録すると「特異点を見よ．そこにこそ本質がある」の意です．数学の研究では特に大切なのが，研究対象が「ノーマルな存在である」か否か，さらには「特異なものがいつどこに存在し，どんな特徴的性質があるのか」を探求し，「問題のどこに本質があるのか」を見極めることです．実利主義の蔓延る世の中とは，正反対の目的意識の中での営みといえます．

私は常日頃「職業は何ですか」と問われるとたいてい「数学者です」と答えることにしています．本当は「特異点の研究者です」と答えたいのですが，「ええ？」と問い返されるのがオチですのでそれはしません．しかしそれでも相手の方はしばしば「数学者」の返答に戸惑う反応を示されます．数学者という職名からはどうしても正当な職業らしき社会性を読み取れない，あるいは収入の出所や方法の想像がつかないためかもしれません．粗忽ながら，私自身は傾き者とは一線を画すと自負しておりますが，やはり数学者としての矜恃だけは持ち合わせているつもりです．

本書は，そんな数学者たちが '特異点の世界' の解明に正面切って臨んだ研究の様をご覧いただくものでもあります．

4.2 GST とは？——本書の目指すところ

GST は，冒頭の問題 4.1 にあるように，影の輪郭からもとの空間の形状を探るという，幾何学的には大変素朴な方法論が根底にあります．第2章で言及したように，望遠鏡で土星の輪を見ることなど，私たちが日常視覚的に体験している多くのことは，まさに特異点論と言えます．

私は学部4年の卒業研究で，『カタストロフィー』(野口広著，サイエンス社) と『初等カタストロフィー』(野口広・福田拓生共著，共立出版) を輪読し，自身の興味で『4次元のトポロジー』(松本幸夫著，日本評論社) を学びました．修士課程では，『モース理論』(J. ミルナー著，吉岡書店) と原著 "Characteristic Classes" (J. Milnor and J. Stasheff, Princeton Univ. Press) の一部を齧り，修士を終える頃 (1980 年代半ば) には漠然と自分なり

の研究をしたいと思うようになりました.

カタストロフィーは関数の特異点の局所理論による分類で,環論の計算が中心になります.ワイエルシュトラスの予備定理とよばれる結果があり,カタストロフィー理論では重要な役割を果たしますが,複素関数の世界では割合簡単に証明できる (複素関数では割り算がうまくいく) のに対して,実関数の世界では技術的に (割り算が) 難しく,マルグランジュがそのために1冊の本を書いて証明したぐらいです.学部生の私はその難解さにやや辟易気味で,後に,マザーによる簡易化を学びますが,環論に食傷気味だったため,その有り難みを正しく理解できるまでには至りませんでした.(ただ,トムによるジェット横断性定理の展開は印象的で,埋め込み・はめ込み定理が特異点集合の余次元を計算するだけでよい,つまり算数だけでよいという議論には心惹かれるものがありました.) 一方,『4次元のトポロジー』や『モース理論』は,どちらも著者らの巧みな筆使いに依ることですが,単純に「大域的な多様体論は面白い!」と感じさせてくれました.そこで,少々安直かもしれませんが

> 「モース理論の写像版を展開して,特異点の大域理論による4次元のトポロジーの分類はできないだろうか?」

という問題設定のもと,虚心坦懐に GST 研究に臨みました.写像の特異点論の大域的研究は,当時は得られている結果も希少だったため,ややマイナーな分野であるという印象は否めませんでした.しかし,その問題意識の斬新さには心惹かれるものがあり,眼前に横たわる GST という未知の領域が私の好奇心を一層駆り立ててくれました.

博士課程の頃,ようやく単発的ではありますがささやかながら定理らしきものが得られるようになり,研究集会の講演では「GST」というキーワードを頻繁に引用していました.そんなおり北海道大学の石川剛郎さんから

> 「殊更に "GST" と言うのは不自然で,本来最も真っ当な多様体論の枠組みである!」

という貴重なご指摘を賜りました.

「トポロジー」の研究は 20 世紀初頭のポアンカレの研究に始まり,その斬新な問題意識から短期間で発展を遂げ,たくさんの難問や重要な問題が生み出されてきました.特に世紀の難問 (例えば未解決次元の微分ポアンカレ予

46   第 4 章 大域的特異点論とは？

想，等々) などは世界中の数学者の注目を集め，そのための研究は研究分野
の発展に大きく寄与してきたといえます．そのような難問や重要な問題は，
ちょっと言いすぎに聞こえるかも知れませんが，すべて GST の枠組みで捉
えることが可能です．つまり，GST の問題の解決がそのままトポロジーの
研究に寄与するわけです．石川先生のご指摘や然り，GST はそのぐらいの
由緒正しさを兼ね備えています．それでは，「超モース理論」の世界への扉
を開くことにしましょう！

4.3 GST の研究の目指すところ

GST の研究のアイデアや目的の直観的理解を得るのに格好の題材があり
ます．舞台は「実射影平面 $\mathbb{R}P^2$」上の写像です．$\mathbb{R}P^2$ 上の写像は非自明な
性質を多くもつので，それだけでも面白いため，本節では $\mathbb{R}P^2$ を用いて
GST 研究の問題意識や考え方の基本的部分を概観します．

まずは $\mathbb{R}P^2$ の定義から始めます．$M(3, \mathbb{R})$ によって実数を成分とする 3
次正方行列の全体を表すとします．このとき，実射影平面が，

$$\mathbb{R}P^2 = \{A \in M(3, \mathbb{R});\ {}^tA = A,\ A^2 = A,\ \mathrm{tr}(A) = 1\}$$

で定義されます．行列の対称性 ${}^tA = A$ から，任意の行列 $A \in \mathbb{R}P^2$ は
$a, b, c, d, e, f \in \mathbb{R}$ に対して

$$A = \begin{pmatrix} a & f & e \\ f & b & d \\ e & d & c \end{pmatrix}$$

とおけますが，$A^2 = A$(べき等性) と $\mathrm{tr}(A) = 1$(トレース条件) から連立方
程式

$$\begin{cases} e^2 + f^2 = a(1-a), \quad f^2 + d^2 = b(1-b), \\ d^2 + e^2 = c(1-c), \quad de = f(1-a-b). \\ fd = e(1-c-a), \quad cf = d(1-b-c) \\ a+b+c = 1 \end{cases}$$

が得られます．すると，$A \in \mathbb{R}P^2$ に対して

$$U_a = \{a \neq 0\},\ U_b = \{b \neq 0\},\ U_c = \{c \neq 0\}$$

とおくと，$\mathbb{R}P^2 = U_a \cup U_b \cup U_c$ を満たし，これら 3 つの部分集合 U_a, U_b, U_c

はいずれも開円板

$$\widetilde{D}^2 = \{(x,y) \in \mathbb{R}^2 ; \ x^2 + y^2 < 1\}$$

に微分同相です。なぜなら，例えば写像 $\varphi_a : U_a \to \widetilde{D}^2$ を

$$\varphi_a(A) = \left(\frac{f}{\sqrt{|a|}}, \frac{e}{\sqrt{|a|}}\right)$$

と定めると，φ_a が求める微分同相写像になるからです。

問 4.1　次の設問を解くことによって，上のことを確かめよ。

（1）　φ_a は微分可能な全単射であることを示せ。

（2）　逆写像 φ_a^{-1} を求め，それが微分可能な写像であることを示せ。

(以上により，φ_a は微分同相写像であることが従うが，U_b と U_c についてもほとんど同様である。)　　　　　　　　　　　（30 分以内で初段）

$\mathbb{R}P^2$ がコンパクトで連結であることは容易に分かりますので，これで $\mathbb{R}P^2$ が 2 次元閉多様体 (閉曲面) であることが分かりました。「多様体」のちゃんとした定義は後の解説で与えられます。

さて，$\mathbb{R}P^2$ は次の同値関係による商空間 $(\mathbb{R}^3 - \{(0,0,0)\})/\sim$ としても表されます：

　　　“$\boldsymbol{x},\boldsymbol{y} \in \mathbb{R}^3 - \{(0,0,0)\}$ に対して，ある $k \in \mathbb{R}$ が存在して $\boldsymbol{y} = k\boldsymbol{x}$ が成り立つことを $\boldsymbol{x} \sim \boldsymbol{y}$ と書く。”

このことを実際に確かめてみてください：

問 4.2　上の関係 $\sim$ が同値関係であることを確かめ，さらに

$$\mathbb{R}P^2 = (\mathbb{R}^3 - \{(0,0,0)\})/\sim$$

が成り立つことを確かめよ。　　　　　　　　　　　（15 分以内で二段）

さて，$\mathbb{R}P^2$ は閉曲面なので実際にその絵を描くことができます。「絵を描く」の意味は，$\mathbb{R}P^2$ から $\mathbb{R}^3$ への (良い) 写像を考え，その $\mathbb{R}^3$ における像の図を描くことです。過去の『数学セミナー』を紐解いてみると，実射影平面の図は何度も登場していますが，とてもよく見かけるのが図 4.2 と図 4.3 です。

図 4.2　$\mathbb{R}P^2$ の $\mathbb{R}^3$ への安定写像

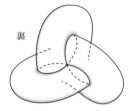

図 4.3　$\mathbb{R}P^2$ の $\mathbb{R}^3$ へのはめ込み写像

図 4.2 は $\mathbb{R}P^2$ の $\mathbb{R}^3$ への安定写像 $f : \mathbb{R}P^2 \to \mathbb{R}^3$ の像を表します．**安定写像**については，第 6 章で定義を与えます．図 4.2 の像をこのまま $\mathbb{R}^2$ に射影すると，外側に円周が一つ，内側に第 1 章の図 1.4 の尖点が 3 つの特異値集合が現れます．図 4.3 は $\mathbb{R}P^2$ の $\mathbb{R}^3$ へのはめ込み写像 $g : \mathbb{R}P^2 \to \mathbb{R}^3$ の像を表します．ここで g が**はめ込み写像**であるとは，任意の $x \in \mathbb{R}P^2$ のまわりで g を局所座標表示したときのヤコビ行列 J_g の階数が 2 となるときをいいます．

ところで，どちらの図にも二重点 (異なる $X, Y \in \mathbb{R}P^2$ に対して，$z = f(X) = f(Y)$ または $z = g(X) = g(Y)$ を満たす点 z) が弧の形で現れています．また，相異なる $X, Y, Z \in \mathbb{R}P^2$ に対して，$z = g(X) = g(Y) = g(Z)$ を満たす点 z が離散点 (図ではただ一つ) として現れていますが，これを g の**三重点**といいます．二重点や三重点を総称して，**多重点**といいます．写像 f の像は**ローマ曲面**，写像 g の像は**ボーイ曲面**の名で知られています．

4.3 GST の研究の目指すところ

$\mathbb{R}P^2$ から $\mathbb{R}^3$ への (無限階) 微分可能写像全体の集合を, 記号で $C^\infty(\mathbb{R}P^2, \mathbb{R}^3)$ と表します. この集合に各階の偏微分係数が近い写像を近いという位相を定めて, 位相空間と見なします[1]. これは明らかに無限次元の空間です. 図 4.2 と図 4.3 の 2 つの図が採用頻度が極めて高いのには, 理由があります. それらが「ジェネリックな写像」だからです. $C^\infty(\mathbb{R}P^2, \mathbb{R}^3)$ のある部分集合 S が存在して, S は開かつ稠密であるとします. このとき, S の任意の元 (写像) をジェネリックといいます.

読者の皆さんは, クラインの壺 $\mathbb{R}P^2 \sharp \mathbb{R}P^2$ ($\sharp$ は連結和) をご存じかと思われます. クラインの壺は, $\mathbb{R}^4$ の中 (座標は (x, y, z, w) と採る) に実現できて, (u, v) による媒介変数表示が

$$x = (a + b\cos v)\cos u, \quad y = (a + b\cos v)\sin u,$$
$$z = b\cos\frac{u}{2}\sin v, \quad w = b\sin\frac{u}{2}\sin v$$

により与えられます. ただし, $a > b > 0$, $0 \leqq u < 2\pi$, $0 \leqq v < 2\pi$ です. 簡単のため, $a = 2$, $b = 1$ として, u, v を消去すると, クラインの壺の $\mathbb{R}^4$ における 4 次曲面としての定義方程式

$$(x^2 + y^2 + z^2 + w^2 - 5)^2 = 16(1 - z^2 - w^2)$$

が得られます. クラインの壺の絵として, 図 4.4 をよく見かけると思います:

図 4.4　クラインの壺

---

1) この位相の定め方の詳しい定義は [1] を参照.

50   第 4 章 大域的特異点論とは？

　これは，上の媒介変数表示されたものを'うまく'$\mathbb{R}^3$ に射影してできた，はめ込み写像 $f : \mathbb{R}P^2 \sharp \mathbb{R}P^2 \to \mathbb{R}^3$ の像を表します．自己交差している部分が二重点集合 (図では 1 つの円周) ですが，三重点は現れていません．このことは実は射影平面とクラインの壺のある位相構造の違いに依るのです．すでに見たように，ボーイ曲面には三重点がただ 1 つ現れていました．そこで自然に生じる問題は，

　　　　"ボーイ曲面の三重点は写像を変形することにより解消できるだろ
　　　　うか？　もしできないならば解消できない障害は何か？"

ということです．これは幾何学的に重要な問題です．実は次のことがいえます．

　問 4.3　M^2 を閉曲面とし，$f : M^2 \to \mathbb{R}^3$ を**自己横断的なはめ込み写像**とする．このとき，M^2 はコンパクトなので，f の三重点は有限個の離散点からなる．そこで，f の三重点の個数を $t(f)$ とすると，次のバンチョフの合同式が成り立つ：

$$\chi(M^2) \equiv t(f) \quad (\text{mod } 2)$$

これを証明せよ．ここで，$\chi(M^2)$ は M^2 のオイラー標数を表す．

　　　　　　　　　　　　　　　　　　　　　　　　　　　　(2 時間以内で四段)

　証明は，丁寧な議論を積み重ねれば，それほど難しいことではありませんが，用語の定義や説明に紙数を大幅に取られるので省略します．この合同式は 1974 年にバンチョフによって与えられたもので，バンチョフは 2 つの証明を論文にしています．「自己横断的」な写像については少しだけ補足しておきます．はめ込み写像 f は，多重点が図 4.5 のように，局所的には横断的に自己交叉しているものとします．これが**自己横断的な**はめ込み写像です．f はジェネリックな写像です．

　さて，バンチョフの合同式を用いると，次の事実の証明は容易になります：

　問 4.4　$g : \mathbb{R}P^2 \to \mathbb{R}^3$ を**自己横断的なはめ込み写像**とする．このとき，g には必ず三重点が (奇数個) 現れる．これを証明せよ．

　　　　　　　　　　　　　　　　　　　　　　　　　　　　(2 分以内で二段)

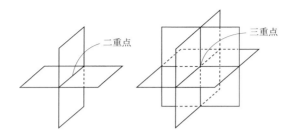

図 4.5 自己横断的なはめ込みの多重点

解 $\mathbb{R}P^2$ のオイラー標数は 1 です．これは例えば，$\mathbb{R}P^2$ は図 4.6 のような単体 (三角形) 分割をもつからです：

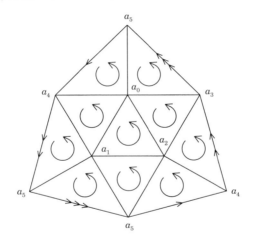

図 4.6 $\mathbb{R}P^2$ の単体分割の例

この図を見ると，頂点が○個，辺が△個，面が□個からなるので，

$$\chi(\mathbb{R}P^2) = \bigcirc - \triangle + \square = 1$$

となります．

■ **問 4.5** ○と△と□に当てはまる値を求めよ． (1 分以内で 3 級)

するとバンチョフの合同式より，$t(g) \equiv 1 \pmod 2$ を得るので，求める

結論が従います. □

ちなみに，クラインの壺のオイラー標数は $\chi(\mathbb{R}P^2 \sharp \mathbb{R}P^2) = 0$ なので (図 4.7)，三重点がない図 4.4 の様子とも合致しますね.

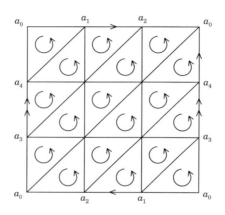

図 **4.7** クラインの壺の単体分割

つまり，オイラー標数の偶奇が自己交叉はめ込みの三重点解消の障害になっていることがわかりました.

さて，図 4.2 の絵ですが，これは具体的な写像として書き下すことができます．そのために，まずは球面 $S^2 = \{(x, y, z) \in \mathbb{R}^3;\ x^2 + y^2 + z^2 = 1\}$ から $\mathbb{R}^4$ へのはめ込み写像 h を定義します：

$$h(x, y, z) = (xy, yz, zx, x^2 + 2y^2 + 3z^2).$$

すると，任意の $p \in S^2$ に対して，$\operatorname{rank} dh_p = 2$ であり，

$$h(-x, -y, -z) = (xy, yz, zx, x^2 + 2y^2 + 3z^2)$$
$$= h(x, y, z)$$

が成り立つので，$(x, y, z), (p, q, r) \in S^2$ に対して，

$$(x, y, z) \sim (p, q, r) \iff h(x, y, z) = h(p, q, r)$$

と関係 $\sim$ を定めると，これは同値関係になります．この同値関係による商

空間 $S^2/\sim$ は $\mathbb{R}P^2$ に他なりません. そこで, $(x, y, z) \in S^2$ の同値類を $[x : y : z] \in \mathbb{R}P^2$ と表すとき, 自然な射影を

$$\pi_1 : S^2 \to \mathbb{R}P^2, \quad \pi_1(x, y, z) = [x : y : z]$$

とすると, well-defined なはめ込み写像

$$g : \mathbb{R}P^2 \to \mathbb{R}^4,$$
$$g([x : y : z]) = (xy, yz, zx, x^2 + 2y^2 + 3z^2)$$

が誘導されます. ここで, $\pi_1 \circ h = g$ です. g がはめ込み写像なのは, h がそもそもはめ込み写像だからです. こうして定義されたはめ込み写像 g は実は埋め込み写像になっています.

これは簡単で, $[x_1 : y_1 : z_1], [x_2 : y_2 : z_2] \in \mathbb{R}P^2$ に対して, $[x_1 : y_1 : z_1] = [x_2 : y_2 : z_2]$ ならば $g([x_1 : y_1 : z_1]) = g([x_2 : y_2 : z_2])$ が成り立つことが容易に確かめられるからです.

問 4.6 次の設問に答えよ.

（1）上で定義された写像 h に対して, 任意の点 $p = (x, y, z) \in S^2$ において, $\mathrm{rank}\, dh_p = 2$ が成り立つ, すなわち h ははめ込み写像であることを示せ. また, h の多重点は二重点のみであることを示せ.

（2）g は埋め込み写像であることを示せ. （30 分以内で二段）

さて, そこで直交射影

$$\pi_2 : \mathbb{R}^4 \to \mathbb{R}^3, \quad \pi_2(a, b, c, d) = (a, b, c)$$

を考えると, 合成写像

$$\varphi := \pi_2 \circ g : \mathbb{R}P^2 \to \mathbb{R}^3,$$
$$\varphi([x : y : z]) = (xy, yz, zx)$$

が得られます. このとき, 次のことが成り立ちます:

問 4.7 ある 4 点 $p_1, p_2, p_3, p_4 \in \mathbb{R}P^2$ が存在して, φ は $\mathbb{R}P^2 - \{p_1, p_2, p_3, p_4\}$ においてはめ込み写像であり, $\mathrm{rank}\, d\varphi_{p_i} = 1$ $(i = 1, 2, 3, 4)$ である. これを証明せよ. （30 分以内で三段）

この φ が求める安定写像で,その像はまさに図 4.2 のようになります.ですから,問 4.7 の結果から,p_1, p_2, p_3, p_4 は写像 φ の特異点です.これらは,**ホイットニー傘特異点** (あるいは交叉帽子特異点) とよばれます.$\varphi(p_i)$ の局所的な様子を図にすると,図 4.8 のようになります.

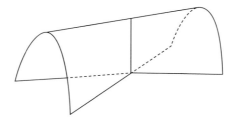

図 4.8 ホイットニー傘特異点

この図をよく見ると,局所的な対応が

$$(x, y) \mapsto (x, y^2, xy)$$

であることが読み取れます.

問 4.8 p_i を φ のホイットニー傘特異点とするとき,p_i を中心とする局所座標 (x, y) をうまくとると,$\varphi(x, y) = (x, y^2, xy)$ が成り立つことを示せ.また,このとき $\operatorname{rank} d\varphi_{p_i} = 1$ $(i = 1, 2)$ であることを確かめよ. (30 分以内で三段)

こうして,図 4.2 を具体的に書き下せましたから,図 4.3 の方はどうか,と問いたくなりますね.実際それは可能なのですが,その解は論文級の研究で,本書のレベルを超えるものです.フランスの数学者 F. アペリによって 1987 年にその定義式が発見されました.それをコンピューターグラフィックで描くための解説本がアペリ自身によって最近執筆されて,2013 年に出版されました.

F. Apéry, *Models of the real projective plane: computer graphics of Steiner and Boy surfaces*, Friedr. Vieweg & Sohn, 2013.

この本のブリースコーンによる序文も味わい深く,1874 年 F. クラインに

よって証明された"$\mathbb{R}P^2$ が向きづけ不可能で，$\mathbb{R}^3$ に埋め込み不可能である！"という発見についても触れられています．ぜひご一読あれ．

第5章 特異点現る！

　本論へ入る前に，読者のために前章の内容の復習を兼ねた筆者独自のオリジナルな易しい演習問題を用意しましたので，まずは解いてみてください．内容はほぼ大学入試レベルですが，ほんのり大学数学の香りが漂う作品に仕上げました．

□**問題 5.1**　座標平面上に存在する三角形全体の集合を $\mathcal{T}$ とする．T_1, $T_2 \in \mathcal{T}$ に対して，

$$T_1 \sim T_2 \iff T_1 \backsim T_2 \tag{$*$}$$

により関係 $\sim$ を定める．ここで，$\backsim$ は三角形の相似記号である．これは同値関係になるので，$T \in \mathcal{T}$ の同値類を $[T]$ と書くことにする．$T \in \mathcal{T}$ に対して，T の3辺を a, b, c とし，その面積を $S(T)$ で表すことにする．このとき，

$$\Delta(T) = \frac{a^2 + b^2 + c^2}{S(T)} \in \mathbb{R}$$

と定義する．

（1）　$(*)$ が実際に同値関係になっていることを示せ．

（2）　$\Delta([T]) \in \mathbb{R}$ は well-defined であること，すなわち $\Delta([T])$ の値は代表元 T の選び方に依らずに定まることを示せ．

（3）　任意の $r \in \mathbb{R}$ に対して，ある $T \in \mathcal{T}$ が存在して，$\Delta(T) = r$ が成り立つかどうかを考察せよ．

（4）　$\Delta([T_1]) = \Delta([T_2]) \iff T_1 \sim T_2$ が成り立つか否かを考察せよ．

(25分以内で初段)

5.1　はじめに　　57

□**問題 5.2**　2次元球面 S^2 から $\mathbb{R}^3$ へのはめ込み写像で，3重点を2個だけもつものの図を描け．　　　　　　　　　　　　（20分以内で二段）

5.1　はじめに

> 芸術とは神の造り給うた天然の人為的生成である．むろんこの「天然」の中には人間の営みも含まれる．つまり，芸術家とは人間の営みを始めとする美しき天然の姿を，神ならぬ人間の手で造り出すことを生業とする職人である．　　（浅田次郎著『満点の星』より引用）

　芸術には必然的に「美しさ」という概念が伴います．私は常々数学者とは「知的好奇心の芸術」を具現化する職人と考えています．数学者によって生み出される「作品」の美しさや難易度は実に多彩なものがあります．

　数学の美しさをよく表す理論に，対象を分類する分類理論があります．問題 5.1 は三角形の相似類の分類の問題で，(2) において $T_1 \sim T_2$ ならば $\Delta(T_1) = \Delta(T_2)$ が成り立つことが分かるので，$\Delta(T)$ という実数値が相似類の不変量になります．つまり，対偶をとると，$\Delta(T_1) \neq \Delta(T_2)$ ならば T_1 と T_2 は相似ではないことが従うので，$\Delta(T)$ によって相似類の違いが判定できます．さらに (3) が正しければ相似類の分類が実数濃度以上であることがわかります．最後に (4) は，$\Delta(T)$ という実数値が相似類の完全不変量になるかどうかを問うているわけです．

　問題 5.2 はこれから展開する特異点論の考察の先駆けとして，頭の中で図を描く練習のためのものです．

　特異点の織り成す模様は，数学においても自然界においても芸術的な美しさを伴います．本章では陰関数定理が正則点の分類を与えること，一方で特異点の分類が殊の外複雑であることも考察するつもりです．また，写像の特異点論の歴史についても，その変遷を 10 年ごとに概観します．

5.2　陰関数定理と正則点の分類

　写像の特異点の概念は，数学のさまざまな分野に現れます．その定義は後の記述まで待つとして，とりあえず特異点ではない点を**正則点**とよぶことに

58   第 5 章　特異点現る！

します.

　微分積分学において，最も重要な定理の 1 つが「陰関数定理」です．その主張するところは次のような事実です：$U \subset \mathbb{R}^n$ を開集合とし，$f : U \to \mathbb{R}$ を C^∞ 級関数とします．f の微分 df が $p \in U$ において，$df(p) \neq 0$ を満たすとします．このとき，p は f の正則点です．U の座標を $(x_1, x_2, \ldots, x_n)$ とするとき，例えば $\dfrac{\partial f}{\partial x_1}(p) \neq 0$ と仮定します．すると陰関数定理の結論は，方程式 $f(x_1, x_2, \ldots, x_n) = f(p)$ が p の近傍 V で x_1 について解ける，すなわち C^∞ 級関数 $g : V \to \mathbb{R}$ が存在して，$x_1 = g(x_2, x_3, \ldots, x_n)$ と表され，

$$f(g(x_2, x_3, \ldots, x_n), x_2, \ldots, x_n) = f(p)$$

が成り立つことを意味します．さらに逆関数定理を用いて，p の近傍 W で定義された C^∞ 級関数 $h : W \to \mathbb{R}$ が存在して，

$$f(h(x_1, x_2, \ldots, x_n), x_2, x_3, \ldots, x_n) = x_1$$

が成り立ちます．言い換えれば，自然な射影を

$$\pi : W \to \mathbb{R}, \qquad (x_1, x_2, \ldots, x_n) \mapsto x_1$$

とするとき，

$$H : \mathbb{R}^n \to \mathbb{R}^n,$$
$$H(x_1, x_2, \ldots, x_n) = (h(x_1, x_2, \ldots, x_n), x_2, \ldots, x_n)$$

とおくと，H は像への微分同相写像 (すなわち座標変換) で，$f \circ H = \pi$ が成り立つということです．この陰関数定理は写像の場合に簡単に拡張できて，$U \subset \mathbb{R}^n$ を開集合とし，$f : U \to \mathbb{R}^p$ $(p \geqq 1)$ を C^∞ 級写像とするとき，$p \in U$ が「正則点」なら，p の近傍 W で定義された C^∞ 級関数 $h : W \to \mathbb{R}^p$ が存在して，

$$H : \mathbb{R}^n \to \mathbb{R}^n,$$
$$H(x_1, x_2, \ldots, x_n) = (h(x_1, x_2, \ldots, x_n), x_2, \ldots, x_n)$$

とおくと，H は微分同相写像で，$f \circ H = \pi$ が成り立ちます．ここで，$\pi : \mathbb{R}^n \to \mathbb{R}^p$, $(x_1, x_2, \ldots, x_n) \mapsto (x_1, x_2, \ldots, x_p)$ は自然な射影 $(n \geqq p$ のとき)，または自然な単射 $(x_1, x_2, \ldots, x_n) \mapsto (x_1, x_2, \ldots, x_n, 0, \ldots, 0)$ $(n < p$ のとき) を表します．つまり，正則点の近傍では局所的にただ 1 つの形に分

類できるということを意味しています．

一方，特異点での近傍の様子は正則点の場合に比べてはるかに複雑になります．大学 1 年の微分積分学で学ぶ $n=1$, $p=2$ の場合の簡単な例を挙げましょう：$f(x,y) = x(x-a)^2 - y^2$ (a：定数) を考えます．このとき，$f=0$ の等高線を $a>0$, $a=0$, $a<0$ の (i)～(iii) の 3 通りの場合に分けて図示すると，次のようになります．

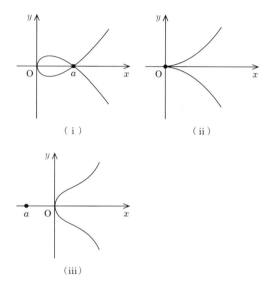

図 **5.1** $f = 0$ の等高線の違い

原点 $(0,0)$ が特異点で，その近傍の様子は位相的に随分異なるものになっています．一般の n, p に対してはもっとはるかに複雑な例が構成できるのは容易に想像がつくことでしょう．

さて本来，数学というのはでき得る限り一般性を追求する学問ではありますが，解説に一般性を追求しすぎるとどこに本質があるのかが不明瞭になることがあるため，ここでは一般性と特殊性のバランスを適度に保ちながらの解説を行いますので，その主旨をご理解ください．まずは一般の特異点の $n=p$ の場合の定義から始めます：

60   第 5 章　特異点現る！

$f : \mathbb{R}^n \to \mathbb{R}^n$ を C^∞ 級写像とします．すなわち，任意の $x = (x_1, x_2, \ldots, x_n) \in \mathbb{R}^n$ に対して，$f(x) = (f_1(x), f_2(x), \ldots, f_n(x))$ の各成分関数 $f_i(x)$ が C^∞ 級であるとします．このとき，f の x におけるヤコビ行列 $J_f(x)$ が次のように定義されます：

$$J_f(x) = \begin{pmatrix} \dfrac{\partial f_1}{\partial x_1}(x) & \cdots & \dfrac{\partial f_1}{\partial x_n}(x) \\ \vdots & \ddots & \vdots \\ \dfrac{\partial f_n}{\partial x_1}(x) & \cdots & \dfrac{\partial f_n}{\partial x_n}(x) \end{pmatrix}.$$

そこで，$x \in \mathbb{R}^n$ に対して，行列式 $|J_f(x)| \neq 0$ であるとき，x を f の**正則点**といい，そうでない点を f の**特異点**といいます．$\operatorname{rank} J_f(x) = n$ となる点 $x \in \mathbb{R}^n$ を正則点，$\operatorname{rank} J_f(x) < n$ となる点 $x \in \mathbb{R}^n$ を特異点といっても同じ意味です．

　さらに，$x \in \mathbb{R}^n$ を f の特異点とするとき，$f(x) \in \mathbb{R}^n$ を f の**特異値**といい，そうでない値域の点 $y \in \mathbb{R}^n$ を**正則値**といいます．高校数学では $n = 1$ の場合の特異値を極値と呼んでいました．

　例 5.1　$f : \mathbb{R} \to \mathbb{R}$, $f(x) = e^{-x} \sin x \ (x \geqq 0)$ は C^∞ 級関数ですが，

$$J_f(x) = f'(x) = e^{-x}(\cos x - \sin x)$$

ですから，$J_f(x) = 0$ を解くと，f の無限個の特異点 $x = \dfrac{(2k-1)\pi}{4}$ $(k = 1, 2, \ldots)$ が求まり，特異値は $f\left(\dfrac{(2k-1)\pi}{4}\right) = \dfrac{(-1)^{k-1} e^{-\frac{(2k-1)\pi}{4}}}{\sqrt{2}}$ となります．

　例 5.2　$f : \mathbb{R}^2 \to \mathbb{R}^2$, $f(x, y) = (x^2 - y^2, 2xy)$ は C^∞ 級写像ですが，

$$J_f(x, y) = \begin{pmatrix} 2x & -2y \\ 2y & 2x \end{pmatrix}$$

ですから，$|J_f(x, y)| = 4(x^2 + y^2)$ なので，$(x, y) = (0, 0)$ が f の唯一の特異点で，特異値は $f(0, 0) = (0, 0)$ です．

　例 5.3　もう 1 つ簡単な例をやってみましょう．$g : \mathbb{R}^3 \to \mathbb{R}^3$, $g(x, y, z) = (x, y, z^2)$ は C^∞ 級写像です．ヤコビ行列を計算すると

$$J_g(x,y,z) = \begin{pmatrix} 1 & 0 & 0 \\ 0 & 1 & 0 \\ 0 & 0 & 2z \end{pmatrix}$$

ですから，$\operatorname{rank} J_g(x,y,z) \geqq 2$ がわかります．写像 g の特異点集合は，$A = \{(x,y,z) \in \mathbb{R}^3 ;\ z = 0\}$ なので，$g(A) = \{(X,Y,Z) \in \mathbb{R}^3 ;\ Z = 0\}$ が特異値集合です．

C^∞ 級写像 $f : \mathbb{R}^n \to \mathbb{R}^n$ が与えられたとき，$y \in \mathbb{R}^n$ を f の正則値とします．ただし，$f^{-1}(y)$ が有限集合であるように y を選ぶことにし，その個数は大事な意味をもちます．そこで，$d_2(f) = \sharp f^{-1}(y) \pmod 2$ と定義し，写像 f の **mod 2 写像度**といいます．実はこの値は y に依らないことがわかります (文献 [11] 参照)．この写像度の概念は，後の第 8 章の「ポアンカレ-ホップの定理」で再び，拡張した形で議論します．

さて，上の特異点の定義は一般的なものではなく，特殊な場合のものです．一般に特異点は定義域と値域の次元も任意に選んで，$f : \mathbb{R}^n \to \mathbb{R}^p$ を C^∞ 級写像とした場合に定義されます．前章で登場したホイットニー傘特異点もその定義に含まれるはずです．その定義を考えてみてください:

> **問 5.1**　$f : \mathbb{R}^n \to \mathbb{R}^p$ を C^∞ 級写像とした場合の特異点と正則点，特異値と正則値の定義を与えよ．　　　　　　　　　(10 分以内で初段)

次章では，微分可能多様体の定義を与え，問 5.1 の拡張として，多様体の間の C^∞ 級写像に対する特異点と正則点，特異値と正則値について論じ，多様体の構造との密接なかかわりについて考察します．

5.3　特異点論の歴史 (～1940 年代)

写像の特異点論と多様体論と関わりが深い研究の歴史とその変遷について，1930 年代から遡って 10 年ごとに解説していきましょう．

◎1930 年代

1934 年にモース (M. Morse) がアメリカ数学会から "Calculus of variations in the large"(大域変分法) を出版しました．この本において，今日 'モース不等式' の名でよばれる結果が得られています．その不等式とは，次のようなものです．M^n をコンパクトな n 次元多様体とし，$f : M^n \to \mathbb{R}$ を M^n 上の C^∞ 級関数とします．$p \in M^n$ に対して，p を中心とする局所座標を $(x_1, x_2, \ldots, x_n)$ とするとき，関数 f の**勾配ベクトル**とよばれる n 次元ベクトル

$$\operatorname{grad} f(p) = \left(\frac{\partial f}{\partial x_1}(p), \frac{\partial f}{\partial x_2}(p), \ldots, \frac{\partial f}{\partial x_n}(p) \right)$$

が定まりますが，$\operatorname{grad} f(p) = \mathbf{0}$ となるような点 p を関数 f の**特異点** (または**臨界点**) といいます．このとき，さらに特異点 p に対して，f のヘッセ行列

$$H_f(p) = \left(\frac{\partial^2 f}{\partial x_i \partial x_j}(p) \right)_{1 \leqq i, j \leqq n}$$

が正則であると仮定します．この仮定は充分な一般性を有していて，この仮定を満たす関数は**モース関数**とよばれます．

n 次正方行列 $H_f(p)$ は対称行列ですから，その固有値はすべて実数 (線形代数の基本事項) です．また，$H_f(p)$ は正則なので，行列式に関して $|H_f(p)| \neq 0$ が成り立ち，$|H_f(p)|$ の値はすべての固有値の積に等しい (これも線形代数の基本事項) ことがわかります．よって $H_f(p)$ のすべての固有値は正または負の値を取ります．そこで $H_f(p)$ の負の固有値が k 個 (したがって，正の固有値は $(n-k)$ 個) であるような特異点 p を**指数 k の特異点**といい，f の指数 k の特異点の個数を $c_k(f)$ $(k = 0, 1, \ldots, n)$ と表します．実は，M^n がコンパクトなので，その上のモース関数 f の特異点は有限個の離散点からなることがわかり，$c_k(f)$ という整数値を求めることは意味があります．この $c_k(f)$ の定義は局所座標 $(x_1, x_2, \ldots, x_n)$ の選び方には依らないことが容易に確かめられます．

5.3 特異点論の歴史 (〜1940 年代) 63

> **問 5.2** 次の各設問を解け.
>
> (1) A を対称行列とするとき，A の固有値はすべて実数であることを示せ.
>
> (2) A を対称行列とするとき，A のすべての固有値の積は，その行列式 $|A|$ に等しいことを示せ.
>
> (3) $c_k(f)$ の定義は局所座標 $(x_1, x_2, \ldots, x_n)$ の選び方には依らないことを証明せよ. (20 分以内で二段)

"M^n がコンパクトなので，その上のモース関数 f の特異点は有限個の離散点からなること" は，この段階ではまだ証明するのが難しいので，次章で，モース関数の特異点の局所形を求めたところで議論します. さて，f がモース関数であるとき，**モース不等式**は

$$c_k(f) \geqq b_k(M^n)$$

$$(b_k(M^n) : M^n \text{ の } k \text{ 次元ベッチ数})$$

というものです. これは弱い形のモース不等式ともよばれます. ベッチ数 $b_k(M^n)$ は多様体 M^n の位相不変量ですから，本来その上の関数の選び方には依らない量であることに注意してください. つまり，この不等式はモース関数の特異点から決まる局所的情報とベッチ数という大域的情報とが密接に関連することを示唆する画期的な結果の一つでもあります.

1936 年に，ホイットニーにより「微分可能多様体」の厳密な定義が今日我々が教科書で目にする形で与えられました：論文

> [W1] H. Whitney, Differentiable manifolds, *Ann. of Math.* **37** (1936), 645–680

においてです. (微分可能多様体のきちんとした定義は，第 7 章で与えられます.)

M^n を n 次元多様体とし，N^{n+k} を $(n+k)$ 次元多様体とします. M^n から N^{n+k} への C^∞ 級写像 $f : M^n \to N^{n+k}$ が与えられたとき，$x \in M^n$ における M^n の接空間 TM^n_x から $f(x)$ における N^{n+k} の接空間 $TN^{n+k}_{f(x)}$ への線形写像 (f の微分) $df_x : TM^n_x \to TN^{n+k}_{f(x)}$ が任意の $x \in M^n$ に対して，単射であるとき，すなわち，$\mathrm{rank} df_x = n$ を満たすとき，f は**はめ込み写**

像とよばれます．ここで，接空間はそれぞれ $TM_x^n \cong \mathbb{R}^n$, $TN_{f(x)}^{n+k} \cong \mathbb{R}^{n+k}$ という線形同型が存在することに注意します．陰関数定理より，任意の点 $x \in M^n$ の近傍 U があって，$f|_U$ は単射となるので，像 $f(M^n)$ は局所的に N^{n+k} の部分多様体となります．しかし，一般に $f(M^n)$ は自分自身と交わりをもつこともあるので，$f(M^n)$ は N^{n+k} の部分多様体になるとは限りません．

はめ込み写像 f の像 $f(M^n)$ が M^n に微分同相であるとき，f のことを**埋め込み写像**といいます．M^n を n 次元多様体，N^{n+k} を $(n+k)$ 次元多様体とし，はめ込み写像あるいは埋め込み写像 $f: M^n \to N^{n+k}$ が存在するとき，それぞれ M^n は N^{n+k} へ**はめ込み可能**あるいは**埋め込み可能**であるといいます．特に，N^{n+k} がユークリッド空間 $\mathbb{R}^{n+k}$ であるときは重要で，M^n が $\mathbb{R}^{n+k}$ へ埋め込み可能ならば，$\mathbb{R}^{n+k}$ の解析的な方法を M^n の部分集合に適用することができて，例えば，(k が十分大きいとき，後述するように M^n は $\mathbb{R}^{n+k}$ に埋め込み可能なので) "任意の多様体 M^n は単体分割可能である" という事実が応用として従います．

ホイットニーは上記の論文の中で，M^n から $\mathbb{R}^p$ への任意の C^∞ 級写像は，

> $p \geqq 2n$ ならばはめ込み写像で，$p \geqq 2n+1$ ならば埋め込み写像でいくらでも近似できる

ことを証明しました．近似できるということの意味は，写像を変形する (あるいは摂動するともいう) ことにより，はめ込み可能あるいは埋め込み可能であるようにできる，ということです．このことは，任意の C^∞ 級写像 $f: M^n \to \mathbb{R}^{2n}$ はもし特異点があっても写像を変形することにより，特異点をすべて解消することができるということを意味しています．また，任意のはめ込み写像 $f: M^n \to \mathbb{R}^{2n+1}$ はもしも自己交叉をもつことがあっても写像を変形することにより多重点をすべて解消することができます．これらをホイットニーの**はめ込み・埋め込み定理**とよびます．

◎1940 年代

[W1] において，はめ込み・埋め込み定理を得たホイットニーはその改良版を考察します．改良版とは，はめ込み・埋め込み定理の行き先のユーク

リッド空間の次元をもう 1 次元下げることです。その改良には 8 年の歳月を要しました。そこには本質的な困難が潜んでいたためです。[W1] のはめ込み・埋め込み定理が解析的に証明されたのとは対照的に、おのおのの改良版のためにホイットニーはきわめて幾何学的な手法を開発しました。次の 2 つの論文においてです：

[W2] H. Whitney, The self-intersections of a smooth n-manifold in $2n$-space, *Ann. of Math.* **45**(1944), 220–246,

[W3] H. Whitney, The singularities of a smooth n-manifold in $(2n-1)$-space, *Ann. of Math.* **45**(1944), 247–293.

改良版においては、その幾何学的困難さゆえに、もはや近似定理は成り立ちません。実際、ホイットニー自身が [W3] においてこう記述しています：

It is a highly difficult problem to see if the imbedding and immersion theorems of the preceding paper and the present one can be improved upon.

そこで得られたのは、存在定理です：“M^n を任意の n 次元多様体、$f: M^n \to \mathbb{R}^p$ を C^∞ 級写像とする。

- $p = 2n$ のとき、f を大域的に変形して、埋め込み写像 $\tilde{f}$ が得られる (埋め込みの存在定理).
- $p = 2n - 1$ のとき、f を大域的に変形して、はめ込み写像 $\tilde{f}$ が得られる (はめ込みの存在定理).”

ただし、$p = 2n - 1$ のときはとても重要な近似定理も得ています。

[W4] H. Whitney, The general type of singularity of a set of n variables, *Duke Math. J.* **10**(1943), 161–172

において、任意の写像 $f: M^n \to \mathbb{R}^{2n-1}$ は次の条件を満たす C^∞ 級写像 $\tilde{f}: M^n \to \mathbb{R}^{2n-1}$ でいくらでも近似できることが示されました。その条件とは、“有限個の点 $p_1, p_2, \ldots, p_k \in M^n$ を除いて、$\tilde{f}$ ははめ込み写像であり、各 p_i においては局所的に

$$(x_1, x_2, \ldots, x_n) \mapsto (x_1^2, x_2, \ldots, x_n, x_1 x_2, \ldots, x_1 x_n)$$

の標準形をもつ” というものです。ここで p_i の局所的対応は、前章で登場したホイットニー傘特異点の一般形で、k は偶数となります。

ホイットニーは，埋め込みの存在定理を得るために，[W1] で得られていた近似定理に基づいて，はめ込み写像 $f : M^n \to \mathbb{R}^{2n}$ の二重点を (大域的に) 解消する手法，**ホイットニー・トリック**を開発しました．また，はめ込みの存在定理を得るために，C^∞ 級写像 $\tilde{f} : M^n \to \mathbb{R}^{2n-1}$ のホイットニー傘特異点を対で解消する手法，言うなれば**第二のホイットニー・トリック**([1] 参照) を開発しました．

ところで，ホイットニーは 1944 年の論文 [W2] と [W3] を出版するまでの過程で，他にも位相幾何的にとても重要な考察を与え，その内容をミシガン大学の講義録として残しました：

[W5] H. Whitney, On the topology of differentiable manifolds, *Lectures in Topology*, 101–141, Univ. of Michigan Press, 1941

において，ホイットニーは埋め込み写像 $f : M^n \to \mathbb{R}^{2n}$ を調べるために，f の**法オイラー数** $e(f) \in \mathbb{Z}$ の概念 (埋め込みの像の**自己交点数**ともいう) を得ています．法オイラー数の定義は，ここでは省略します．「向き」の概念の定義が欠かせないためです．多様体の「向きづけ可能性」も含めて，「向き」については第 9 章で解説するつもりです．ですから，ここでは埋め込み写像 $f : M^n \to \mathbb{R}^{2n}$ に対して，f の**法オイラー数**という整数値が定まる，という理解で十分です．詳しい内容については，[1] を参照してください．

さて，ホイットニーは $e(f)$ が非自明であり，次元 n が最も低い場合である $n = 2$ のとき，すなわち閉曲面 M^2 の $\mathbb{R}^4$ への埋め込みを考察して，合同式

$$e(f) \equiv 2\chi(M^2) \pmod 4$$

が成り立つことを証明しました．(**ホイットニー合同式**とよばれます．)

ここで前章の後半で，埋め込み写像 $g : \mathbb{R}P^2 \to \mathbb{R}^4$ が具体的に次のように書き下せること，

$$g([x : y : z]) = (xy, yz, zx, x^2 + 2y^2 + 3z^2)$$

と，ホイットニー傘特異点を 4 個もつ安定写像

$$\varphi : \mathbb{R}P^2 \to \mathbb{R}^3, \quad g([x : y : z]) = (xy, yz, zx)$$

を得たことを思い出してください (第 4 章参照).

5.3 特異点論の歴史 (〜1940 年代)　67

実は，M^2 を閉曲面，$h : M^2 \to \mathbb{R}^3$ をはめ込み写像とし，埋め込み写像 $f : M^2 \to \mathbb{R}^4$ が $\pi \circ f = h$ を満たすと仮定します．ここで，$\pi : \mathbb{R}^4 \to \mathbb{R}^3$ は前章でも定めた直交射影です．すると f の法オイラー数は，$e(f) = 0$ となることが容易に示せます．つまり，はめ込み写像 h の持ち上げとして定まる埋め込み f の法オイラー数は自明になるということです．

$M^2 = \mathbb{R}P^2$ として，ホイットニー合同式を用いると，任意の埋め込み写像 $f : \mathbb{R}P^2 \to \mathbb{R}^4$ に対して，$e(f) \equiv 2 \pmod 4$ を得ます．これは，$e(f)$ は偶数ですが，決して $e(f) = 0$ とはならないことを意味します．つまり，次の問いは容易に解決します：

問 5.3　$g : \mathbb{R}P^2 \to \mathbb{R}^3$ を任意のはめ込み写像とすると，$\pi \circ f = g$ を満たす埋め込み写像 $f : \mathbb{R}P^2 \to \mathbb{R}^4$ は存在しない．これを証明せよ．

(5 分以内で初段)

言い換えれば，$\pi \circ f = g$ を満たす埋め込み写像 $f : M^2 \to \mathbb{R}^4$ が存在するならば，$g : \mathbb{R}P^2 \to \mathbb{R}^3$ ははめ込み写像にはなり得なくて，必ず特異点が現れるということです．つまり，この設定で埋め込み f の法オイラー数は，"g の特異点の情報から決まる" ことを示唆しています．

実を言うと，g のホイットニー傘特異点があると，$+1$ または -1 の '符号' の概念が定まり，すべての特異点に関して '符号' の総和を取ると，その値が $e(f)$ に他ならないことが示せます (1992 年に証明されたカーター-斎藤 (斎藤昌彦) の定理)．この符号は，$\mathbb{R}^4$ の「向き」の入れ方で決まります．

上で引用した安定写像 $\varphi : \mathbb{R}P^2 \to \mathbb{R}^3$ の 4 個のホイットニー傘特異点については，3 個の '符号' が一致し，残りの 1 個が異符号となることが分かるので，埋め込み写像 $g : \mathbb{R}P^2 \to \mathbb{R}^4$ の法オイラー数は $e(g) = \pm 2$ となり，ホイットニー合同式とも矛盾しません．

ホイットニーは講義録の中で，大胆にも次の予想を提出しました：

"M^2 を閉曲面，$f : M^2 \to \mathbb{R}^4$ を任意の埋め込み写像とするとき，法オイラー数について，

$$e(f) \in \{2\chi - 4, 2\chi, 2\chi + 4, \ldots, 4 - 2\chi\}$$

が成り立つだろう！"

ここで，もちろん $\chi = \chi(M^2)$ はオイラー標数です．

ホイットニー合同式からは，$e(f)$ の値のとり方は公差 4 の無限等差数列になることしかわかりませんが，その値の取り方が初項 $2\chi(M^2) - 4$ で，公差 4 の有限等差集合で決まることを予想しています．例えば，$M^2 = \mathbb{R}P^2$ ならば任意の埋め込み写像 $f : \mathbb{R}P^2 \to \mathbb{R}^4$ に対して，$e(f) = \pm 2$ となるだろうという大胆な予想です．ホイットニー予想は，1969 年にマッセイ (W. S. Massey) により，アティヤ-シンガー指数定理を用いて肯定的に解決されました．1989 年に鎌田聖一さん (大阪市立大学) は，埋め込み写像の動画法という幾何学的な手法で，アティヤ-シンガー指数定理を用いない別証明を与えています．安定写像 $g : M^2 \to \mathbb{R}^3$ の特異点の符号に基づいたホイットニー予想の別証明が，g に三重点がないならば，という仮定のもとに佐伯修氏 (現在，九州大学マスフォア・インダストリ研究所) と筆者により，1996 年に示されました．安定写像 g に三重点は一般に現れるので，その場合の特異点の符号に基づいたホイットニー予想の別証明はまだ完成していません．

実は，$n > 2$ のとき任意の埋め込み写像 $f : M^n \to \mathbb{R}^{2n}$ に対して，ホイットニー予想の一般化が定式化できて，この場合には次元の事情から $g : M^n \to \mathbb{R}^{2n-1}$ に三重点が現れないことがわかるので，ホイットニー予想の一般化が特異点の符号に基づいた議論により肯定的に解決しています．つまり，$n = 2$ の場合が特殊で，低次元ゆえの本質的困難さを伴うわけです．

話が先走りすぎたので，1940 年代の歴史に戻ります．1948 年にチャーンは論文

S. S. Chern, On the multiplication in the characteristic ring of a sphere bundle, *Ann. of Math.* **49**(1948), 362–372

において，特性類の計算から "$2^s \leqq n < 2^{s+1}$ のとき，$\mathbb{R}P^n$ は $\mathbb{R}^{2^{s+1}-2}$ にはめ込み (埋め込み) 可能ではない！" ことを証明しました．特に，$n = 2^s$ とすると $2n - 2 = 2^{s+1} - 2$ ですから，はめ込み写像 $g : \mathbb{R}P^n \to \mathbb{R}^{2n-2}$ は存在しないことになります．ホイットニーのはめ込み定理の改良版によると，はめ込み写像 $g : \mathbb{R}P^n \to \mathbb{R}^{2n-1}$ は存在するので，行き先の次元 $2n - 1$ というのは $n = 2^s$ のときは最良の評価になります．ついでに言うと，チャーンの結果から "任意の C^∞ 級写像 $g : \mathbb{R}P^n \to \mathbb{R}^{2n-2}$ には必ず特異点が現れる！" ことがわかります．

どうやら，特性類というコホモロジー類が特異点を解消するための障害になりそうだということが推察されますね．このことは後の章で触れることになります．本章での歴史についての記述はここまでで，1950年代以降は次章に解説します．

第 **6** 章 | 局所的 vs 大域的

　本論へ入る前に，前章の内容の復習を兼ねた，教育的で易しい演習問題を
3 題用意しましたので，まずは解いてみてください．

□**問題 6.1**　曲線 $C : f(x, y) = 0$ が与えられたとき，C 上の点 p におい
て，$\dfrac{\partial f}{\partial x}(p) \neq 0$ または $\dfrac{\partial f}{\partial y}(p) \neq 0$ ならば，点 p における曲線 C の接線がた
だ 1 つ定まる．このような点 p を曲線 C の**正則点**という．正則点でない点
を曲線 C の**特異点**という．

　(1)　$a \neq 0$ を定数とするとき，$f(x, y) = x^3 + y^3 - 3axy = 0$ で表され
　　　る曲線のグラフを図示し，その特異点を求めよ．

　(2)　a を定数とするとき，曲線 $C_1 : y^2 = x(x - a)^2$ の特異点を求めよ．

　(3)　a を定数とするとき，曲線 $C_2 : x^{\frac{3}{2}} + y^{\frac{3}{2}} = a^{\frac{3}{2}}$ のグラフを書いて，
　　　特異点を求めよ．　　　　　　　　　　　　　　　　（20 分以内で初段）

□**問題 6.2**　U を $\mathbf{0} \in \mathbb{R}^n$ の近傍とし，$f : U \to \mathbb{R}$ を $f(\mathbf{0}) = 0$ を満たす
C^∞ 級関数とする．このとき，f は C^∞ 級関数 $g_i : U \to \mathbb{R}$ $(i = 1, 2, \ldots, n)$
を用いて，

$$f(x) = \sum_{i=1}^{n} g_i(x) x_i, \quad g_i(\mathbf{0}) = \frac{\partial f}{\partial x_i}(\mathbf{0})$$

と表される．これを**平均値の定理**という．このとき，平均値の定理を用い
て，C^∞ 級関数 $h_{ij} : U \to \mathbb{R}$ $(i, j = 1, 2, \ldots, n)$ が存在して，f は

$$f(x) = f(\mathbf{0}) + \sum_{i=1}^{n} \frac{\partial f}{\partial x_i}(\mathbf{0}) x_i + \sum_{i,j=1}^{n} h_{ij}(x) x_i x_j$$

と表されることを示せ. (これを関数 f の**マクローリン展開**という.)

特に, $\mathbf{0} \in U$ が f の特異点のとき,

$$f(x) = f(\mathbf{0}) + \sum_{i,j=1}^{n} h_{ij}(x) x_i x_j$$

と表されることを示せ. (15 分以内で二段)

□**問題 6.3** $S^1 = \{(x,y) \in \mathbb{R}^2; x^2 + y^2 = 1\}$ を 1 次元球面とし, 写像 $f: \mathbb{R}^2 \times \mathbb{R}^2 \to \mathbb{R}^2$ を $f(\boldsymbol{a}, \boldsymbol{b}) = \boldsymbol{a} + \boldsymbol{b}$ と定義する. トーラス上の写像

$$f|_{S^1 \times S^1} : S^1 \times S^1 \to \mathbb{R}^2$$

の特異点を求めよ. (30 分以内で三段)

6.1 はじめに

1995 年の夏, 弘前大学で第 42 回のトポロジーシンポジウムが開催されました. 当時, 私は高知工業高等専門学校の講師として赴任したばかりでした[1]. 青森空港に降り立ち, リムジンバスで弘前駅前に向かうため, バスの車掌さんに, 「このバスは弘前駅に着きますか?」と尋ねました. するとその車掌さんが答えてくださったのですが, 私は驚いてしまいました. 失礼な言い方かもしれませんが, その車掌さんが何と言われたか私にはまったく聞き取れませんでした. 青森弁の日本語の発音は, 標準語とは根本的に異なるためでした. 2 回聞き返しましたが, 駄目でした. 英語よりも聞き取りが難しいという印象を受けました. 車掌さんは私が理解していない様子を察知され, 気を悪くされたようでした. 私は青森弁という特異な言語の発音に大変興味をそそられました. これを聞き取り, 理解できるようになりたいというのが率直な望みでした.

さて, 数年前に山本稔さんが弘前大学に転任され, そこでトポロジープロジェクトによる研究集会がたしか 6 月頃に開催されました. 前回の出張からは, 20 年ほどが経過していましたが, 私は青森弁が再び聞けることを愉し

---

[1] 高知県は東西に長い地形で, 土佐弁が共通語です. 土佐弁と言ってもおよそ 3 種類あり, 高専には高知県全域から集まった学生がいて, 言葉は微妙に異なっていました. 土佐弁は結構難解で, 慣れるのに時間がかかりました.

みにしていました．空港でやはりリムジンバスに乗る前に，前と同じ質問を車掌さんに投げかけましたが，返答は標準語にきわめて近い発音だったので，がっかりしました．研究集会の昼食休憩の合間に，大学の近くのスーパーに行くと，地元の高校生の数人の団体が目に付きました．近づいて彼らの会話を盗み聞きしてみると，彼らは実に流暢な標準語で会話していたのでした．その瞬間，日本が途轍もない速さで「グローバル化」しているのを実感しました．同時に一抹の寂しさも感じたものでした．

　ところで私が高知高専に勤務していた頃，同僚の国語科の助教授の方 (東京出身です) が大変面白い研究をされた話をしてくれました．高専の学生 (16〜18 歳) を対象に調査したところ，約 50 ％の学生は，「じ」と「ぢ」の違いと，「ず」と「づ」の違いを発音として使い分けることができるそうで，日本全国どこを探してもこの発音の違いを使い分ける習慣はほかにはなく，高知県特有のローカルな現象であるそうです．多分この文章を読まれた大半の方も同じ発音で読んだはずです．ちなみに，「ぢ」や「づ」は平安時代には区別されていましたが，歴史と共に衰退し，現存するのは高知県のみという話でした．私も出身は東京なので，例えば「地震」と「自身」はイントネーションは違っても発音はまったく同じですが，高知県の特に西の方の四万十川に近い地方の出身者はほぼ完全に使い分けが可能ということでした．平安時代の発音がローカルに残る様と，日常会話が標準語化している様に，「局所性」と「グローバル性」の対比をまざまざと体験した貴重な思い出であります．日本語というのは，まさに雅俗折衷の中に存在する，といえます．あれから約 20 年が経過しましたが，高知でもグローバル化が進み，平安時代の発音が衰退していないとよいのですが…．

　さて，本章の解説の主要なテーマは，「局所的 vs 大域的」です．局所性と大域性の対比は，すでに大学 1 年次の微分積分学で見た現象で，微分とは文字通り微細に分けて考えることであり，積分は分けたものを寄せ集めて和を取る操作です．多様体という曲がった空間においてもこの対比は同様で，特異点という本来局所的に定義される概念が多様体の大域的構造を支配している様を眺めます．もう少し付言すると，多様体の間の微分可能写像に現れる特異点は局所的な存在ですが，特異点集合の位相構造 (連結成分の個数や

各々の位相型，さらには部分集合としての実現の仕方) は，定義域多様体の大域的構造に依ります．そもそも多様体も，局所的にユークリッド空間と同じ姿をしている位相空間として定義されますが，大域的な形はユークリッド空間とは異なる姿をしています．その対比と面白さを写像の特異点論と多様体論を通して，ぜひ味わってみてください．

6.2 特異点論の歴史 (1950 年代)

前章につづいて，1950 年代以降の特異点論に関わる歴史とトピックに触れます．やや本格的な内容が含まれますが定義等の詳細は後の章で補足します．

トム (R. Thom) が独自の視点を持ち込んで，この分野に参入してきます．1954 年に出版された有名な (トムのフィールズ賞授賞対象となった) 論文

[Th1] R. Thom, *Quelques propriétés globales des variétés différentiables*, Comment. Math. Helv. **28**(1954), 17–86

において，横断性の概念を縦横無尽に駆使し，横断性定理を証明し，コボルディズム理論を打ち立てました．多様体の分類問題をホモトピー論で記述する画期的な成果といえます．ここで，横断性について説明しておきます：C^∞ 級写像 $f : M \to N$ が与えられたとき，f が部分多様体 $S \subset N$ に**横断的**である (あるいは横断性をもつ) とは，任意の $p \in M$ に対して，$f(p) \notin S$ であるか，$f(p) \in S$ のとき $df_p(TM_p) + TS_{f(p)} = TN_{f(p)}$ が成り立つときをいいます (TX_x は多様体 X の $x \in X$ での接空間を表します)．トムの横断性定理は，"任意の部分多様体 $S \subset N$ に対して，任意の写像 $f : M \to N$ は S に横断的な写像 $g : M \to N$ でいくらでも近似できる" となります．

トムは矢継ぎ早に，大域的特異点論の創始にあたる論文

[Th2] R. Thom, *Les singularités des applications différentiables*, Ann. Inst. Fourier **6**(1955–56), 43–87

を出版しました．論文の冒頭で，トムは「モース理論」の一般化を提唱します．さらに，偏微分係数のなすジェット空間の中で特異点集合が代数的集合をなしていることを見抜き，写像の特異点論の研究には代数的集合の位相的研究が重要であることを認識し，横断性定理を「ジェット横断性定理」に拡張しました．[Th2] が出版される直前に，ホイットニーは平面写像の詳しい

74　第 6 章　局所的 vs 大域的

研究を行い, 論文

> [W5] H. Whitney, *On singularities of mappings of euclidean spaces I; Mappings of the plane into the plane*, Ann. of Math. **62**(1955), 374–410

を発表し, "閉曲面 M^2 から $\mathbb{R}^2$ への任意の C^∞ 級写像は特異点として, 適当な座標変換のもと次の 2 つの標準形で表される特異点のみをもつ (ジェネリックな) 写像で近似できる" ことを証明しました:

(1)　$(x, y) \mapsto (x^2, y)$

(2)　$(x, y) \mapsto (xy - x^3, y)$

(1) の型を**折り目特異点**, (2) の型を**カスプ特異点**といいます.

　その考察の系として, "$\mathbb{R}P^2$ から $\mathbb{R}^2$ へのジェネリックな写像にはカスプ特異点が奇数個現れる, すなわちカスプ特異点は決して解消できない!" ことも証明しました. $\mathbb{R}P^2$ の位相構造がカスプ解消の障害になっていることを示唆しています.

　[Th2] において, このホイットニーの平面写像の精密な分類とは対照的に, トムはより大まかな写像の定性的研究を目指し, 次のことを証明しました. "$n \geqq 2$ のとき, n 次元多様体 M^n から $\mathbb{R}^2$ への任意の C^∞ 級写像は次の 3 つの性質 (1)〜(3) をもつジェネリックな写像 $f : M^n \to \mathbb{R}^2$ で近似できる:

(1)　f の特異点を $p \in M^n$ とすると, $\mathrm{rank}\, J_f(p) = 1$ が成りたつ.

(2)　f の特異点集合 $S(f)$ は M^n における滑らかな曲線である.

(3)　f の特異値集合 $f(S(f))$ は $\mathbb{R}^2$ における連続曲線で, その滑らかでない点は二重点か尖点である. "

同じ論文において, トムは**特異点のトム多項式**の存在定理を証明し, ジェネリックな写像 $f : M^n \to \mathbb{R}^2$ に対してはトム多項式の計算を実行しました. "特異点集合 $S(f) = \{p \in M^n; \mathrm{rank}\, J_f(p) = 1\}$ は M^n の滑らかな曲線で, その $\mathbb{Z}_2$ ホモロジー類のポアンカレ双対は

$$[S(f)]_2^* = w_{n-1} \in H^{n-1}(M^n; \mathbb{Z}_2)$$

であり, f のカスプ特異点集合 $C(f)$ は離散点で,

$$[C(f)]_2^* = w_n \in H^n(M^n; \mathbb{Z}_2) \cong \mathbb{Z}_2$$

6.2 特異点論の歴史 (1950 年代)   75

である"ことを示しました[2]. $[X]_2$ は部分集合 X の $\mathbb{Z}_2$ ホモロジー類を表
し,上付きの $*$ はポアンカレ双対をとることを意味します.最後の等式か
ら,f のカスプ特異点の個数は M^n のオイラー標数の偶奇に一致することが
わかります.

　1950 年代における微分位相幾何学は爆発的に研究が発展した時期で,こ
こでは述べきれないほど多くの大定理 (ヒルツェブルフの符号数定理やミル
ナーによるエキゾチック球面の発見,等) が生まれました.大域的特異点論
に関わる成果を 1 つだけ引用しておきます:1956 年にミルナーが 7 次元の
エキゾチック球面を発見した論文で証明された「ミルナー-レーブの定理」
です.M^n を n 次元閉多様体とします.C^∞ 級関数 $f : M^n \to \mathbb{R}$ を考える
と,M^n がコンパクトなので,その像 $f(M^n)$ は $\mathbb{R}$ の閉区間 $f(M^n) = [a, b]$
になります.このとき,a は f の最小値 (極小値) で,b は最大値 (極大値)
になります.ですから,任意の C^∞ 級関数 $f : M^n \to \mathbb{R}$ は,最低 2 個の特
異点をもちます.このとき,ミルナー-レーブの定理によると,"C^∞ 級関数
$f : M^n \to \mathbb{R}$ が特異点を 2 個しかもたなければ,M^n は球面 S^n に同相であ
る!"となります.関数の特異点の情報が多様体の位相構造を決めるという
典型的な結果です.証明には,陰関数定理とモースの補題 (特異点の局所形
の決定) を用います.ミルナーが発見したように結論部分の「同相」を「微
分同相」に置き換えることはできません ([6] を参照).

　最後に,1959 年のドイツのボン大学での講義録でトムが述べた言葉を引
用します:

> 微分可能写像の特異点論には 2 つの局面がある.1 つは 'ジェネ
> リック' な特異点の性質を調べる局所理論であり,もう 1 つは関数
> の場合のモース理論を写像の場合に一般化することに全力を傾ける
> べき大域理論である.

---

2) これが簡単な場合のトム多項式の計算結果です.特性類が登場しますが後の章で詳
説します.

76　第 6 章　局所的 vs 大域的

6.3　特異点論の歴史 (1960 年代以降)

◎高次元ポアンカレ予想

　1961 年 (私が生まれた年です) に, 『4 次元より大きい次元の一般化された
ポアンカレ予想』という題名のわずか 15 ページの論文が出版されました.
スメール (S. Smale) による偉大な結果です. スメールはこの成果により
1966 年にフィールズ賞を受賞しました. 彼の証明の議論の主要な論点は,
任意の多様体上にモース関数が存在することから, その特異点に対応したハ
ンドル体が定義され, 多様体がハンドル分解をもつことと, 次元の制限のも
とで, ホイットニー・トリックを用いてハンドルがキャンセルできることを
解明したことでした. モース関数で言うと, 関数を変形することにより, 不
要な特異点は解消できることを明らかにしたことが重要なステップです. n
次元閉多様体 M^n の上には, いつでもモース関数が存在しますが, M^n が n
次元球面 S^n にホモトピー同値 (つまり, M^n が単連結で, すべてのホモロ
ジー群が球面のそれと同型) であると, モース関数を変形して最大値と最小
値のみをもつモース関数にできることを証明し, するとミルナー–レーブの
定理から S^n に同相であるという結論が従うという仕組みです.

　ただし, $n \geqq 5$ という仮定が伴います. 実は, $n = 3, 4$ ではホイットニー・
トリックがうまくいかないのです. 1958 年の論文『ベルヌーイ数, ホモト
ピー群とロホリンの定理』でミルナーとケルヴェア (M. Kervaire) が, 'ロホ
リンの定理' という 4 次元スピン多様体 M^4 の符号数 ([6] 参照) についての
ある整除性から, 次のことを示していました. M^4 が単連結であると任意の
連続写像 $f : S^2 \to M^4$ ははめ込み写像にホモトープですが, 例えば $M^4 =$
$\mathbb{C}P^2$(複素射影平面) とし, ある連続写像 (例：$3\alpha \in H_2(\mathbb{C}P^2; \mathbb{Z}) \cong \mathbb{Z}$, α は
生成元) を選ぶと, はめ込み写像の二重点 (という特異点) を解消できない,
すなわちホイットニー・トリックがうまくいかないことを $n = 4$ で示したの
です. ここで, $H_2(\mathbb{C}P^2; \mathbb{Z})$ は $\mathbb{C}P^2$ の 2 次元ホモロジー群を表し, $\mathbb{C}P^2$ は
単連結なので, 同型

$$H_2(\mathbb{C}P^2; \mathbb{Z}) \cong \pi_2(\mathbb{C}P^2) = [S^2, \mathbb{C}P^2] \cong \mathbb{Z}$$

が成り立ちます. $\pi_2(\mathbb{C}P^2)$ は 2 次元ホモトピー群を表します ([6] の第 6 章
参照). つまり, 2 次元ホモロジー群の元を選ぶということは, S^2 から $\mathbb{C}P^2$

6.3 特異点論の歴史 (1960 年代以降) 77

への連続写像のホモトピー類を一つ選ぶことを意味します.ちなみに,生成元 $\alpha \in \mathbb{Z}$ は自然な埋め込み写像 $\mathbb{C}P^1 \subset \mathbb{C}P^2$ で実現できますが,これを 3 倍すると,はめ込み写像 $S^2 \to \mathbb{C}P^2$ は存在しますが,その二重点は符号数の整除性という障害があり,消去できないのです.

スメールは高次元ポアンカレ予想を次に述べる「h コボルディズム定理」を用いて証明しました.まずは,コボルディズムの定義から復習しましょう.向きづけられた 2 つの n 次元閉多様体 M^n と N^n に対して,向きづけられたコンパクトな $(n+1)$ 次元多様体 W^{n+1} が存在して,その境界が $\partial W^{n+1} = M^n \cup (-N^n)$ を満たすとき,M^n と N^n はコボルダントであるといいます ($-N^n$ は N^n の向きを逆にしたものです).向きづけられた n 次元閉多様体全体の集合を $\mathcal{M}^n$ と書くとき,コボルダントという関係は $\mathcal{M}^n$ の同値関係となることが確かめられます.この同値関係で割った商集合を Ω_n と書くとき,Ω_n には和の演算が自然に定義できて,この和により (有限生成) 加群になります.これを n **次元コボルディズム群**といいます.トムは,あるベクトル束から構成される‘トム複体’とよばれる位相空間を考え,横断性の議論に基づいて,そのホモトピー群が Ω_n の群構造を決めることを見いだして,実際に計算しました.トムのコボルディズム定理は,次のようになります:

次元 n が 4 の倍数でないとき,Ω_n は有限個の $\mathbb{Z}_2$ の直和であり,$n = 4m$ のときは Ω_n は階数 $d(m)$ の自由加群と有限個の $\mathbb{Z}_2$ の直和である

というものです.ここで,$d(m)$ は非負整数 j_k $(k = 1, 2, \ldots)$ に対して,$j_1 + 2j_2 + 3j_3 + \cdots + mj_m + \cdots = n$ を満たす整数の組 $(j_1, j_2, \ldots, j_m, \ldots)$ の個数を表します.$n \leqq 12$ のときの結果を述べておくと,

$$\Omega_n = 0 \ (n = 1, 2, 3, 6, 7), \qquad \Omega_4 \cong \mathbb{Z},$$
$$\Omega_n \cong \mathbb{Z}_2 \ (n = 5, 10, 11), \qquad \Omega_8 \cong \mathbb{Z} \oplus \mathbb{Z},$$
$$\Omega_9 \cong \mathbb{Z}_2 \oplus \mathbb{Z}_2, \qquad \Omega_{12} \cong \mathbb{Z} \oplus \mathbb{Z} \oplus \mathbb{Z}$$

となります.

さて,単連結な n 次元閉多様体 M^n と N^n がコボルダントで,さらに W^{n+1} にホモトピー同値であるとします.このとき,M^n と N^n は h コボル

ダントであるといいます．スメールは，W^{n+1} 上のモース関数 $f : W^{n+1} \to \mathbb{R}$ を考え，$n \geqq 5$ で M^n と N^n が h コボルダントであると，f の特異点はすべて解消できる，ことを証明しました．すると f の任意の点はすべて正則点になるので，陰関数定理から grad f を'積分'して，微分同相 $W^{n+1} \cong M^n \times [0,1]$ が得られます．よって，$n \geqq 5$ のとき，M^n と N^n が微分同相であることが従います．これが「h コボルディズム定理」です．

1963 年にケルヴェアとミルナーは h コボルディズム定理に基づいて，多様体の「手術理論」を創始して，エキゾチック球面の分類を原理的に完全に明らかにしました．

◎ トムのプログラム

論文 [Th2] で，トムは微分可能写像 $f : M \to N$ の特異点の様子を調べるために，特異点集合を微分の階数に応じて分解していくプログラムを提唱します．まずは，

$$S^i(f) = \{ p \in M ; \dim \mathrm{Ker}\, df(p) = i \}$$

と定めます．もし $S^i(f)$ が M の部分多様体であれば，

$$S^{i,j}(f) = \{ p \in S^i(f) ; \dim \mathrm{Ker}\, df|_{S^i(f)}(p) = j \}$$

を考えます．もし $S^{i,j}(f)$ が $S^i(f)$ の部分多様体であれば，続いて $S^{i,j,k}(f)$ を考えます．同様にして，帰納的に部分多様体の列

$$M \supset S^i(f) \supset S^{i,j}(f) \supset S^{i,j,k}(f) \supset \cdots$$

が得られれば，f の特異点の様子が大変良くわかります．ただし，この定義には難点が 2 つあります：

- $S^{i,j,k,\cdots}(f)$ はいつでも多様体になるとは限らない．
- $S^{i,j,k,\cdots}(f)$ が定義できる微分可能写像が，写像空間 $C^\infty(M, N)$ の中でどのくらい存在するかわからない．

ホイットニーの平面写像の場合は簡単で，$f : M^2 \to \mathbb{R}^2$ に対して，f の特異点集合が $S^1(f)$ であり，折り目特異点集合は $S^{1,0}(f)$ で，カスプ特異点集合は $S^{1,1}(f)$ となっています：$S^1(f) = S^{1,0}(f) \cup S^{1,1}(f)$．

6.3 特異点論の歴史 (1960 年代以降)　79

> **問 6.1**　ジェネリックな写像 $f : M^2 \to \mathbb{R}^2$ に対して，f の特異点集合を
>
> $$S(f) = \{p \in M^2 ; \operatorname{rank} df_p < 2\}$$
>
> とするとき，$S(f) = S^1(f)$ であり，折り目特異点集合は $S^{1,0}(f)$ で，カスプ特異点集合は $S^{1,1}(f)$ であることを示せ.
>
> 　さらに，冒頭の問題 3 の結果とホイットニーの平面写像の特徴付けに基づいて，写像 $f|_{S^1 \times S^1}$ がジェネリックかどうかを判定せよ.
>
> (15 分以内で四段)

　トムのプログラムに対して，1967 年にボードマン (J. M. Boardman) がこの問題に満足のいく解答を与えました. 今日トム-ボードマン特異集合とよばれる部分集合がジェット空間の中に定義されることを明らかにしました. 説明にはジェット空間に言及しなくてはならないので，ここでは省略し第 14 章の解説に譲ることにします. なお，非負整数の列 (1), (1,0), (1,1) などを総称して，**ボードマン記号**といい，簡単に I と書くこともあります.

◎写像の安定性

　トムは，ボン大学の講義録において，「安定写像」の概念を定義し，構造安定性問題を定式化しました. 写像空間 $C^\infty(M, N)$ には第 4 章で説明した位相を入れて考えます. $f, g \in C^\infty(M, N)$ に対して，同相写像 $H : M \to M$ と $h : N \to N$ が存在して，$h \circ f = g \circ H$ が成り立つとき，f と g は**位相的に同値**といいます. さらに，H, h がともに微分同相写像にとれるとき，f と g は C^∞ **同値**といいます.

　写像 $f \in C^\infty(M, N)$ が**位相的に安定**であるとは，f を含む開集合 U が存在して，任意の $g \in U$ が f に位相的に同値であるときをいいます. 任意の $g \in U$ が f に C^∞ 同値であるとき，f を C^∞ **安定**であるといいます.

　ここで大事な用語の定義を与えます. 安定写像に現れる特異点型を**安定特異点**といいます. 例えば，モース関数に現れる指数 λ の特異点やホイットニーの平面写像の場合の折り目特異点やカスプ特異点は安定特異点です. また，写像 $f : M^n \to \mathbb{R}^{2n-1}$ に現れるホイットニー傘特異点も安定特異点

80   第 6 章　局所的 vs 大域的

です.

　続いて，微分可能写像を適切な同値関係により，分類することを考えましょう:

　問 6.2　$f, g \in C^\infty(M, N)$ に対して，f と g が C^∞ 同値ならば，位相的に同値であることを示せ.　　　　　　　　　　　　　（5 分以内で初段）

この問題は初歩的で易しいですが，次の問題は大変手強い難問です:

　問 6.3　$f, g \in C^\infty(M, N)$ に対して，f と g が位相的に同値であるが C^∞ 同値にはならないような場合があることを示せ.

　　　　　　　　　　　　　　　　　　　　　　　（時間無制限で六段）

　さて，トムおよびホイットニーは，任意の C^∞ 級写像 $f: M \to N$ をできるだけ ‘良い写像’ で近似することを問題として，良い写像の候補として安定写像を選び 2 つの問題を提出しました.

　弱構造安定性の問題　位相的に安定した写像全体の集合 $S^0(M, N)$ は写像空間 $C^\infty(M, N)$ の中で開集合になるが，それは稠密な部分集合か？
　強構造安定性の問題　C^∞ 級安定写像全体の集合 $S^\infty(M, N)$ は写像空間 $C^\infty(M, N)$ の中で開集合になるが，それは稠密な部分集合か？

　問 6.4　位相的に安定した写像全体の集合 $S^0(M, N)$ は写像空間 $C^\infty(M, N)$ の中で開集合になること，および C^∞ 級安定写像全体の集合 $S^\infty(M, N)$ は写像空間 $C^\infty(M, N)$ の中で開集合になることを示せ.
　　　　　　　　　　　　　　　　　　　　　　　（20 分以内で四段）

　問 6.3 が解けるとわかりますが，C^∞ 級安定写像全体の集合 $S^\infty(M^n, N^p)$ は，次元対 (n, p) の選び方によっては稠密にはなりません. そこで，「強構造安定性の問題」は反例があるので，次のように修正されました.

修正版強構造安定性の問題　C^∞ 級安定写像全体の集合 $S^\infty(M, N)$ が写像空間 $C^\infty(M, N)$ の中で稠密な部分集合となるための条件を記述せよ.

　これらの問題は，ミルナーの弟子マザー (J. N. Mather) の 7 編の論文において解決されました．1968 年から 1971 年にわたる，題名が『C^∞ 級写像の安定性』という論文 I〜VI および後述論文において，修正版強構造安定性の問題が完全に解かれました.

　微分可能写像 $f : M \to N$ が与えられたとき，N の任意のコンパクト部分集合 K に対して，$f^{-1}(K)$ が M においてコンパクトであるとき，f は**固有**であるといいます．固有な C^∞ 級写像全体の集合を $\tilde{C}^\infty(M, N)$ と表すことにします．固有写像全体 $\tilde{C}^\infty(M, N)$ は写像空間 $C^\infty(M, N)$ の中で稠密であることが知られているので，$\tilde{C}^\infty(M, N)$ において安定性問題を考察することには意味があります．マザーによる解は次のようになります："C^∞ 級安定写像全体の集合 $S^\infty(M^n, N^p)$ が写像空間 $\tilde{C}^\infty(M^n, N^p)$ の中で稠密に存在するための必要十分条件は，次の 5 つの不等式のいずれかを満たすときである."

(1)　　$n < \dfrac{6}{7}p + \dfrac{8}{7} \quad (p - n \geqq 4)$

(2)　　$n < \dfrac{6}{7}p + \dfrac{9}{7} \quad (0 \leqq p - n \leqq 3)$

(3)　　$n < 8 \quad (n - p = 1)$

(4)　　$n < 6 \quad (n - p = 2)$

(5)　　$n < 7 \quad (n - p \geqq 3)$

これらの不等式を満たす次元対を**良好次元対** (nice dimension) といいます.

　問 6.5　モース関数，ホイットニーの平面写像や $(n, p) = (2, 3)$ の安定写像，はめ込み・埋め込み定理の次元は良好次元対であることを確かめよ.　　　　　　　　　　　　　　　　　　　　(5 分以内で 1 級)

　一方，弱構造安定性の問題はやはりマザーにより，1970 年頃肯定的に解かれました．すなわち，"位相的に安定した写像全体の集合 $S^0(M, N)$ は固有な写像全体の空間 $\tilde{C}^\infty(M, N)$ の中で，M, N の次元に関係なくいつでも稠密な部分集合である！"という定理が成り立ちます．その詳細は，1976 年

に出版されたシュプリンガー講義録の 48 ページの論文『写像とジェット空間を層化する方法』でなされました. マザーの論文の序文に弱構造安定性の問題の解決の経緯が書かれています:

> トムのアイデアは私の仕事に絶大な影響を及ぼしてきた. 読者は
>
> R. Thom, *Local topological properties of differentiable mappings*, Colloquim on differential analysis, Oxford Univ. Press, 1964
>
> を参照するとよい. 私はこれらの問題について, フランス滞在中トムと実に多くの機会に議論を行った. しかしながら, トム自身は一向に自分の理論をおおやけにしようとしないため, 私がこの論文を書くに至った. 加えて, 私自身のいくつかの貢献は…

といって, 層化集合に関する一連の結果と理論の整備が論文において展開されることになります. こうして弱構造安定性の問題は肯定的に解かれました. (詳しくは [5] 参照.)

良い写像を選ぶ問題がマザーによって完全に解決し, これ以後の研究は写像の特異点論の本論といえます. 良好次元対に現れる安定特異点の分類やそれぞれの微分可能写像の研究という新しい段階に入ります. 1980 年代の安藤良文, Arnold, Damon, du Plessis, 福田拓生, Gaffney, Wall, Wilson らによる精力的な研究が続きますが, 内容が専門的になりすぎるため, 入門を目指す本書では残念ですが省略せざるを得ないことをご了簡ください.

さて, 歴史の概説は終わりましたが, 読者の皆さんはもうお気づきかと思われますが, 特異点の局所的な対応を求めることは大変重要です. 写像を通して多様体の大域的な情報が特異点の現れ方に繊細に反映されているのです. ここまでの議論で, とりあえず次の 3 種類の特異点型が登場してきました (いずれも良好次元対における特異点です):

（1）　$(x, y) \mapsto (x^2, y, xy)$, ホイットニー傘特異点

（2）　$(x, y) \mapsto (x^2, y)$, 折り目特異点

（3）　$(x, y) \mapsto (xy - x^3, y)$, カスプ特異点

このように特異点の局所的な対応がわかっていると, 特異値における像の様子がわかって, 写像の振る舞いを調べるうえで大変便利です. ところで,

モース関数 $f: M^n \to \mathbb{R}$ の指数 λ の特異点の局所的対応はまだ求めていませんでした．それは**モースの補題**とよばれています．証明は次章にまわしますが，冒頭の問題 2 を途中で用いるので念頭においておいてください．

第7章 多様体を視る！（その1）

　前章の内容の復習を兼ねた，易しい演習問題を 2 題用意しましたので，まずは解いてみてください．

□問題 **7.1**　$T^2 = \{(x, y, z) \in \mathbb{R}^3;\ (x^2 + y^2 + z^2 + 3)^2 = 16(y^2 + z^2)\}$ は 2 次元トーラス $S^1 \times S^1$ であることを確かめ，T^2 上の関数

$$f : T^2 \to \mathbb{R}, \quad f(x, y, z) = z$$

はモース関数であることを示し，特異点をすべて求め，各特異点における指数を決定せよ．

　さらに，T^2 上の写像

$$g : T^2 \to \mathbb{R}^2, \quad g(x, y, z) = (y, z)$$

の特異点集合 $S(g)$ を求めよ．また，写像 g はジェネリックであることを示せ．　　　　　　　　　　　　　　　　　　　　　　　　（50 分以内で二段）

□問題 **7.2**　C^∞ 級写像 $f : M^n \to \mathbb{R}^p\ (n \geqq p)$ で，その特異点 q での局所的な対応が

$$\begin{cases} y_i \circ f = x_i & (i = 1, 2, \ldots, p-1) \\ y_p \circ f = x_p^3 + x_1 x_p \pm x_{p+1}^2 \pm \cdots \pm x_n^2 \end{cases}$$

で与えられるものは一般に**カスプ特異点**とよばれる．ヤコビ行列 $J_f(q)$ を計算し，q では $x_p = \cdots = x_n = 0$ が成り立つことを示せ．また，カスプ特異点集合のボードマン記号による表示を求め，それが $(p-2)$ 次元の部分多様体になることを示せ．　　　　　　　　　　　　　　　　　（40 分以内で三段）

7.1 はじめに

2001 年秋に，私は初めて渡米しました．行き先はユタ州プロボ市にあるブリガム・ヤング大学，学生総数が 3 万人を超える総合大学で，とても広いキャンパスが印象的でした．そこの数学教室に，ジェイムズ・キャノン (James Cannon) 教授がいました．今回は約 1 週間の滞在で，キャノン氏との共同研究が目的です．キャノン氏は，1978 年にミルナーが提出した「二重懸垂問題」をエドワーズと独立に肯定的に解決したことでも有名なトポロジストで，位相カテゴリーにおける野生的なトポロジーの研究を得意としています．

私が大学近くのホテルに到着したのは，9 月 10 日のことでした．そうです，あの「9.11」の前日のことですが，当然ながら私はあの大混乱が待ち構えているとは知る由もありませんでした．到着した翌日，大学の Book Store に朝から顔を出しました．すると不思議な光景が目に留まりました．Book Store の高い天井にはいくつかのテレビが吊されているのですが，朝から学生や教官たちが群がって，食い入るようにモニターを見ているではありませんか．私もそれに釣られてモニターを覗いてみると，航空機がビルに突っ込む映像を何度も流しています．私はまるで人ごとのようにお気楽に，「アメリカ人というのは，朝からこんな刺激的な映画を見ているのか」と妙に感心していました．この時点では，この後あの大事件の影響に巻き込まれるとは夢にも思っていませんでした．

3 日目の午後 3 時，私はコロキュウムで 1 時間講演する予定になっていました．その 1 時間前におやつの時間があり，クッキーとココアをご馳走になりながら，数学教室の方々と自己紹介がてら雑談をしていると，口々に皆笑いながら「サクマ，君は当分日本に帰れないかもしれないよ」と冗談とも本気とも言えないコメントを口にします．しかし私はそれほど深刻に受け止めてはいませんでした．

実はこの渡米は単身ではなく，妻を伴っての出張でした．15 日の帰りの飛行機の便が早朝から出発するため，シャトル・タクシーで朝 4 時半にホテルを妻とともに出ました．1 時間ほどで，ソルトレーク空港に着きましたが，何か変です．空港のゲートは閉鎖されていて，建物は真っ暗，あたりには人っ子一人いません．シャトル・タクシーを降りて，我々の大きなスーツ

ケースを道路に置いて腰掛けたとき，私はやっと事態が殊の外深刻であることを悟りました．数学教室の方々から「当分日本に帰れないかもしれないよ」といわれた言葉の意味をここで初めて知ったのでした．途方に暮れるとはまさにこのときの状態です．1時間ほどすると，真っ暗な空港のゲートにタクシーが迷い込んだように入ってきたので，これ幸いとすぐに手を上げて，妻とともにソルトレーク市のダウンタウンにその日の宿を取るために向かいました．初めての渡米で，予期しない事態に遭遇し，私はきっと青ざめていたと思います．タクシーを降りても心は一向に晴れませんでした．一方，妻は私とは対照的に，「ラッキー！　あと一日ソルトレークを観光できるねっ!!」と上機嫌．ソルトレーク・テンプルまで歩いて10分のハワード・ジョンソン・ホテルに飛び込みで1泊の宿をとりました．

　さて，翌日の16日．タクシーで空港に向かうと前日とはまったく異なる光景が目に飛び込んできました．空港は国内便・国際便による移動の乗客でごった返していて，長蛇の列．その最後尾に並んでサンフランシスコ行きの便の搭乗手続きを待ちました．1時間ほどしてやっと私の順番になり，搭乗を願いでると，私達が乗るはずのユナイテッド航空の便はキャンセル状態，手続きはできませんでした．ほかに方法はないかと空港の係官に尋ねても，人ですし詰め状態の空港の様子を指さして，「これだからね，数日の間は無理だろう」とのことでした．仕方なく，列を離れて戻り，係官の言葉を妻に伝えると，彼女は「じゃあ，私が行ってチケットを取ってくる！」と宣言するではありませんか．こういうとき男は使い物にはならなくて，女性の方が開き直りの強さを発揮するものです．しかし，彼女は英語もままならないので，おそらく無理だろうと高をくくっていたら，5分ほどでデルタ空港のサンフランシスコ行きの2枚のチケットを取ってくるではありませんか．「英語が通じないのにどうやったの？」と聞くと，「簡単よ．すべて日本語で済ませたの．使った英語は一言，I need the ticket!! To Japan!」

　2時間ほどで，サンフランシスコに到着しましたが，サンフランシスコ国際空港もソルトレークと同様ものすごい混雑振りで，私は再び搭乗カウンターの列に並んで，「関空行き」の手続きを交渉しましたが無理とのこと．打ちひしがれて妻のもとへ戻ると，「じゃあ今度は私が行ってくる！」と言って，再び妻が向かい，やはり同様に日本語で交渉すると，関空行きは一

杯だが，成田行きには乗れるとのことで2枚のチケットを取ってきてくれました．成田に着いて，成田エキスプレスと新幹線，さらには近鉄特急で我が家のある駅の1つ前の名張駅に到着したのは夜の12時前で，赤目口駅への急行はもう運行していない時間だったため，名張駅からタクシーで我が家まで向かい，無事に到着したのは日が変わった翌日のことでした．

　私はこの経験から大事な教訓を得ました．少しぐらい英語が使えるといっても，肝心なときに使い物にならないのでは仕方がない，むしろ日本語で押し通す大胆さと勇気が必要なのだと．

　写像の大域的特異点論の研究においては，その進展には「特異点論」と「多様体論」双方の豊富な知識が必要不可欠です．そのため，多様体論の研究が及ばない問題の解決はそもそも無理だと諦めがちになりますが，それでは真の研究の発展は望めません．大域的特異点論の研究においても誠に然り，そこには困難をものともしない姿勢と，研究を押し進める素朴な思い，大胆さと勇気が必要なのだ，とあらためて実感させてくれる経験になりました．我が妻の大胆さには完全に脱帽です．

7.2　モースの補題

　約束した通り，モースの補題 (モース関数の特異点の標準形) の証明を与えます．モース関数 $f : M^n \to \mathbb{R}$ が与えられたとき，$p \in M^n$ が f の特異点ならば，p を中心とする局所座標 $(x_1, x_2, \ldots, x_n)$ をうまくとると，

$$f = f(p) - x_1^2 - x_2^2 - \cdots - x_\lambda^2 + x_{\lambda+1}^2 + \cdots + x_n^2$$

と書けます．これがモース関数の特異点 p での局所的対応で，λ は p の指数を表します．これが**モースの補題**です．関数の場合の証明は一番簡単なので，それを実行してみましょう．まずはほとんど線形代数の事実の復習からです．$A = (a_{ij})_{1 \le i,j \le n}$ を n 次正方行列で，その各成分 a_{ij} は $\mathbf{0} \in \mathbb{R}^n$ の近傍 U 上で定義された微分可能な関数 $a_{ij} : U \to \mathbb{R}$ で，任意の $x \in U$ に対して，行列式 $|A(x)| \ne 0$ を満たすとします．このとき，$\mathbf{0} \in V \subset U$ 上で定義された微分可能な関数 $p_{ij} : V \to \mathbb{R}$ で，任意の $x \in V$ に対して $P(x) = (p_{ij}(x))_{1 \le i,j \le n}$ が正則な n 次正方行列となるものが存在して，

$$
{}^t P(x) A(x) P(x) = \begin{pmatrix} -1 & & & & & & \\ & \ddots & & & & & \\ & & -1 & & & & \\ & & & 1 & & & \\ & & & & \ddots & & \\ & & & & & 1 \end{pmatrix} \tag{1}
$$

と対角化できます. $(-1$ の個数は λ です.$)$ この右辺の行列を E_λ と書くことにします.

(1) の $n = 1$ の場合の証明は簡単で, 関数 $a : U \to \mathbb{R}$ が $a(x) \neq 0$ $(\forall x \in U)$ を満たすとき, 関数 $p : V = U \to \mathbb{R}$ を $p(x) = \dfrac{1}{\sqrt{|a(x)|}}$ と定義すると, 明らかに p は微分可能で

$$
p(x)a(x)p(x) = \frac{a(x)}{|a(x)|} = \pm 1
$$

が成り立つからです. (1) の証明はあとは n に関する帰納法でなされます.

■ **問 7.1**　(1) の帰納法による証明を完成させよ.　　（20 分以内で初段）

関数の場合のモースの補題を証明します. $p \in M^n$ が f の特異点ならば,

$$
f(x) = f(p) + \sum_{i,j=1}^n h_{ij}(p) x_i x_j \tag{2}
$$

と表されます (前章の冒頭の問題 2 を参照). 必要ならば, 関数 f の代わりに $f - f(p)$ をとることによって, $f(p) = 0$ と仮定してもよいことに注意します. そこで, $a_{ij} = \dfrac{h_{ij} + h_{ji}}{2}$ とおくと, a_{ij} は p の適当な近傍で定義された関数で, $a_{ij} = a_{ji}$ を満たします. (2) の両辺を偏微分すると

$$
\frac{\partial f}{\partial x_k} = \sum_{i,j=1}^n \frac{\partial a_{ij}}{\partial x_k} x_i x_j + 2 \sum_{j=1}^n a_{ij} x_j
$$

$$
\frac{\partial^2 f}{\partial x_k \partial x_l} = \sum_{i,j=1}^n \frac{\partial^2 a_{ij}}{\partial x_k \partial x_l} x_i x_j + 2 \sum_{j=1}^n \frac{\partial a_{lj}}{\partial x_k} x_j
$$

$$
+ 2 \sum_{j=1}^n \frac{\partial a_{kj}}{\partial x_l} x_j + 2 a_{kl}
$$

を得ます. 局所座標は, $x_1(p) = \cdots = x_n(p) = 0$ となるように選べるので, $\dfrac{\partial^2 f}{\partial x_i \partial x_j}(p) = 2 a_{kl}(p)$ となります. p はモース関数の特異点だったので, p におけるヘッセ行列は正則ですから, n 次対称行列 $A(p) = (a_{ij}(p))$ もこの

等式より正則です. すると, (1) が使えて, p の適当な近傍で定義された関数 $P = (p_{ij})_{1 \leq i,j \leq n}$ が存在して,

$$^tP(p)A(p)P(p) = E_\lambda \tag{3}$$

と対角化できます. P は正則なので, その逆行列を $P^{-1} = (p^{ij})_{1 \leq i,j \leq n}$ とすると,

$$y_i = \sum_{k=1}^n p^{ik} x_k \tag{4}$$

とおくとき, $(y_1, y_2, \ldots, y_n)$ は p の適当な近傍で定義された局所座標になります. なぜなら, (4) を偏微分して

$$\frac{\partial y_i}{\partial x_j}(p) = \sum_{k=1}^n \frac{\partial p^{ik}}{\partial x_j} x_k(p) + p^{ij}(p) = p^{ij}(p)$$

を得るので, ヤコビアンが $\left| \dfrac{\partial y_i}{\partial x_j}(p) \right| = |p^{ij}(p)| \neq 0$ だからです.

よって, $f(p) = 0$ であることと, (2) と (4) より, $\boldsymbol{x} = (x_1, x_2, \ldots, x_n)$, $\boldsymbol{y} = (y_1, y_2, \ldots, y_n)$ とおくと

$$f = \sum_{i,j=1}^n h_{ij}(p) x_i x_j = {}^t\boldsymbol{x} A \boldsymbol{x} = {}^t\boldsymbol{y} {}^t P A P \boldsymbol{y}$$

を得ますが, これは

$$f = -y_1^2 - y_2^2 - \cdots - y_\lambda^2 + y_{\lambda+1}^2 + \cdots + y_n^2$$

となります.

問 7.2 最後の段階の計算で, 等式

$$^t\boldsymbol{y} {}^t P A P \boldsymbol{y} = -y_1^2 - y_2^2 - \cdots - y_\lambda^2 + y_{\lambda+1}^2 + \cdots + y_n^2$$

が成り立つことを確かめよ. (10 分以内で初段)

最後に y_i を x_i に置き換えて, モースの補題が得られました. □

これでモースの補題 (ジェネリックな関数の特異点の標準形の決定) が得られました. このように関数の特異点の標準形を求めるのでさえ, さまざまな座標変換による議論が必要となります. 一般の写像の特異点の標準形を求

90   第 7 章　多様体を視る！(その 1)

めるのは，さらに煩雑な座標変換による議論が要求されるのは容易に想像が
つくと思われます．ところで，特異点論の歴史の中で，「弱い形のモース不
等式」を紹介しました．特異点の標準形が上のように求まると，さらに詳し
い不等式

$$c_0(f) - c_1(f) \geqq b_0 - b_1,$$
$$c_0(f) - c_1(f) + c_2(f) \geqq b_0 - b_1 + b_2,$$
$$\cdots\cdots$$

が得られます．ここで，$c_k(f)$ は前と同じように，モース関数 f の指数 k の
特異点の個数を，$b_k = b_k(M^n) = \dim_{\mathbb{Q}} H_k(M^n; \mathbb{Q})$ は k 次元ベッチ数を表
します．さらに，この不等式から等式

$$c_0(f) - c_1(f) + c_2(f) + \cdots + (-1)^n c_n(f) = \sum_{k=1}^{n} (-1)^k b_k$$
$$= \chi(M^n)$$

が得られます．これらは「強い形のモース不等式」とよばれます．最後の等
式はオイラー-ポアンカレの等式 (第 8 章参照) です．モース関数から多様体
のオイラー標数が求まるという，まさに局所的情報を集約して，大域的情報
が得られる典型を垣間見ることができます．

　さて，「モース不等式」や，ホイットニー傘特異点のみをもつ安定写像の
結果を，一般の次元対に拡張することを考え，ホイットニーは平面写像の論
文の冒頭で次のように問うています：

　　　任意の写像を良い写像で近似することを考えよう．一般に特異点は
　　　避けれない．それならば，良い写像で近似するとき，どのような特
　　　異点型をもつか，それぞれの特異点集合はどうなっているか，特異
　　　点の近くで写像はどうなっているか？

C^∞ 級写像 $f : M^n \to \mathbb{R}^p$ ($n \geqq p$) を考えると，M^n がコンパクトなら，そ
の像 $f(M^n)$ もコンパクトです．$\mathbb{R}^p$ はコンパクトではないので，$f(M^n)$ は
境界点を持ちます．その境界点は写像 f の特異値になります．

7.2 モースの補題　91

> **問 7.3**　M^n がコンパクトであるとき，C^∞ 級写像 $f : M^n \to \mathbb{R}^p$ $(n \geqq p)$ に対して，$f(M^n)$ は境界点を持ち，その境界点は写像 f の特異値であることを示せ. (20 分以内で二段)

では，f がジェネリックであると，上記のような特異値での局所的対応はどうなるでしょうか？　その特異点集合は，ボードマン記号で書くと，$S^{n-p+1,0}(f)$ であり，これは $(p-1)$ 次元の M^n の部分多様体です. 局所的対応は，モースの補題の上の証明と類似の議論から

$$\begin{cases} y_i \circ f = x_i & (i = 1, 2, \ldots, p-1) \\ y_p \circ f = \pm x_p^2 \pm \cdots \pm x_n^2 \end{cases}$$

となります. この対応は**折り目特異点の標準形**といいます.

> **問 7.4**　点 p が C^∞ 級写像 $f : M^n \to \mathbb{R}^p$ $(n \geqq p)$ の折り目特異点であるとき，ヤコビ行列 $J_f(p)$ を計算し，$S^{n-p+1,0}(f)$ において，$x_p = \cdots = x_n = 0$ が成り立つことを示せ. (30 分以内で二段)

モース関数のときのように折り目特異点の指数 λ は定義できませんが，$n-p+1$ が偶数のとき，座標変換のもとで不変な '(mod 2) 指数 λ' は定義できます. 特に，$y_p \circ f = x_p^2 + \cdots + x_n^2$ または $y_p \circ f = -x_p^2 - \cdots - x_n^2$ であるとき，**定値折り目特異点**といい，そうでないとき**不定値折り目特異点**といいます.

折り目特異点についての理解を増し加える問題を提示しておきます：

> **問 7.5**　M^n がコンパクトであるとき，ジェネリックな C^∞ 級写像 $f : M^n \to \mathbb{R}^p$ $(n \geqq p)$ は必ず定値折り目特異点をもつことを示せ. また，n 次元球面 S^n 上に定値折り目特異点のみをもつ写像 $g : S^n \to \mathbb{R}^p$ $(n \geqq p)$ を構成せよ. (40 分以内で三段)

7.3 微分可能多様体の定義と例

写像の特異点論を展開するには，多様体論の理解が不可欠です．本節では，すこし基礎に立ち返ることにして，微分可能多様体の定義を復習し，さまざまな多様体の例に触れます．

この地球に生活する私達が，例えばはるか彼方の地平線を眺めるときや果てしなく続く大海原から，地球の表面は球面という 2 次元位相多様体であると実感できるのは，多様体を身近に感じられる経験です．

位相空間 M^n が次の 2 つの条件を満たすとき，**n 次元位相多様体**といいます：

(1) M^n はハウスドルフ空間であり，第二可算公理を満たす．

(2) $\forall x \in M^n$ に対して，x を含む開集合 U が存在して，U は $\mathbb{R}^n$ の開集合に同相である．

M^n がコンパクトで，境界をもたないとき，**閉多様体**といいます．ここでは，(2) の条件が多様体の定義の本質的な部分で，

$$M^n = \bigcup_{\alpha \in A} U_\alpha$$

のように，M^n は有限個あるいは可算個の開集合 U_α によって覆われていて，同相写像 $\varphi_\alpha : U_\alpha \to V_\alpha \subset \mathbb{R}^n$ が存在します．組 $(U_\alpha, \varphi_\alpha)$ を**座標近傍**といい，$\{(U_\alpha, \varphi_\alpha)\}_{\alpha \in A}$ を**座標近傍系**といいます．

ここで注意していただきたいのは，$V_\alpha \subset \mathbb{R}^n$ なので，$\forall p \in U_\alpha$ に対して

$$\varphi_\alpha(p) = (x_1(p), x_2(p), \ldots, x_n(p)) \in V_\alpha$$

とおくことができることです．このとき，$(x_1(p), x_2(p), \ldots, x_n(p))$ を点 p の座標近傍 $(U_\alpha, \varphi_\alpha)$ に関する**局所座標**といい，n 個の関数の組 $(x_1, x_2, \ldots, x_n)$ を**局所座標系**といいます．

続いて，$U_\alpha \cap U_\beta \neq \emptyset$ を満たす 2 つの座標近傍 $(U_\alpha, \varphi_\alpha)$, (U_β, φ_β) を考えます．このとき，$\varphi_\alpha(U_\alpha \cap U_\beta)$ と $\varphi_\beta(U_\alpha \cap U_\beta)$ は $\mathbb{R}^n$ の開集合になります．そこで，$\mathbb{R}^n$ の開集合の間の写像

$$\varphi_\beta \circ \varphi_\alpha^{-1} : \varphi_\alpha(U_\alpha \cap U_\beta) \to \varphi_\beta(U_\alpha \cap U_\beta)$$

を考え，これを**座標変換**とよびます (図 7.1).

M^n を n 次元位相多様体とするとき，M^n の座標近傍系で，すべての座標

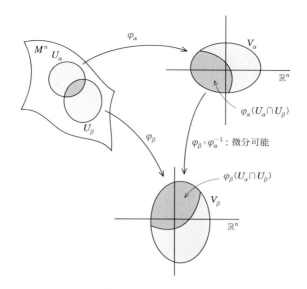

図 **7.1** 多様体上における座標変換

変換が偏微分可能であるとき，M^n を n 次元微分多様体といいます．このとき，M^n は**微分構造を許容する**といいます．1 つの位相多様体の上に異なる微分構造を許容することもあります．これを**エキゾチック微分構造**とよぶことがあります．人類が最初に出会ったエキゾチック微分構造は，1956 年にミルナーによって発見された「エキゾチック 7 次元球面」です ([6] を参照)．その後，エキゾチック微分構造はさまざまな位相多様体の上に，またさまざまな次元で発見され，微分位相幾何学という分野の発展を支えています．特に，1983 年にドナルドソン (S. K. Donaldson) が 4 次元トポロジーの研究に理論物理学のゲージ理論の枠組みを持ち込み，前年に出版されたフリードマン (F. H. Freedman) の単連結 4 次元閉多様体の位相的分類の結果と合わせて，"4 次元ユークリッド空間 $\mathbb{R}^4$ 上にエキゾチック微分構造が存在する！" という驚嘆すべき発見に繋がりました．その後，1986 年にはタウベス (C. H. Taubes) により $\mathbb{R}^4$ 上にエキゾチック微分構造が非可算無限個存在するというまことに驚くべき結論に至っています．これは 4 次元以外の次元では起こりえない現象で，4 次元の微分位相幾何学の研究は，ある意味「宝の山」であると言えなくもありません．

94 第 7 章 多様体を視る！(その 1)

ちなみに，1～3 次元ではエキゾチック微分構造が存在しないことが 1950 年代の初頭までに知られていました．一方で，微分構造を 1 つも許容しない位相多様体の例が数多く存在することもフリードマンの結果からわかります．

厳密な定義は省略しますが，2 つの微分多様体 M, N が与えられたとき，双方の座標近傍系を用いて，微分可能写像 $f : M \to N$ を定義することができます．(遅ればせながら) 本書では，微分可能写像はいつでも C^∞ 級写像 (無限階微分可能写像) を意味する，と解釈してください．特に，同相写像 $f : M \to N$ において '連続' を 'C^∞ 級' に置き換えられるとき，f を**微分同相写像** (diffeomorphism) といいます．

n 次元微分多様体 M^n の部分集合 S があって，任意の $x \in S$ に対してある近傍 U_x と，U_x から $\mathbb{R}^n$ のある近傍 V への微分同相写像 h が存在して，

$$h(U_x \cap S) = V \cap \{x_{n-k+1} = \cdots = x_n = 0\}$$

を満たすとき，S を**余次元 k の部分多様体**といいます．ここで，$(x_1, \ldots, x_n)$ は M^n の局所座標を表します．

本書は，微分可能写像 $f : M \to N$ の特異点集合について論じるのが中心になります．写像が良い条件を満たすと f の特異点集合 $S(f)$ は M の部分多様体になりますので，覚えておいてください．

> **問 7.6** ここでは閉多様体 M^n の定義を与えたが，本来は境界をもつ多様体も含めて定義しておくと便利である．"境界をもつ n 次元多様体" の定義を与えよ． (20 分以内で二段)

当然ですが，$\mathbb{R}^n$ は n 次元多様体で，$\mathbb{R}^n$ の任意の開集合も n 次元多様体になります．これは自然に多様体になる例ですが，続いて，多様体であることを確かめる必要のある例にいくつか触れます：

例 7.1 $\mathbb{R}^{n+1}$ を $(n + 1)$ 次元ベクトル空間とします．n 次元単位球面

$$S^n = \{\boldsymbol{x} \in \mathbb{R}^{n+1}; |\boldsymbol{x}| = 1\}$$

は n 次元微分閉多様体になります. 実際,

$$U_\mathrm{N} = S^n - \{\mathrm{N}\}, \quad U_\mathrm{S} = S^n - \{\mathrm{S}\}$$

と定めると, U_N, U_S は S^n の開集合になります. ここで, $\mathrm{N} = (0,\ldots,0,1) \in$ S^n は北極点, $\mathrm{S} = (0,\ldots,0,-1) \in S^n$ は南極点を表します. 当然ですが, $S^n = U_\mathrm{N} \cup U_\mathrm{S}$ が成り立ち, また次のように U_N, U_S は $\mathbb{R}^n$ に微分同相になります. 写像 $\varphi_\mathrm{N} : U_\mathrm{N} \to \mathbb{R}^n$ を

$$\varphi_\mathrm{N}(x_1,\ldots,x_{n+1}) = \left(\frac{x_1}{1 - x_{n+1}}, \ldots, \frac{x_n}{1 - x_{n+1}} \right)$$

と定めるとき, 逆写像 $\varphi_\mathrm{N}^{-1} : \mathbb{R}^n \to U_\mathrm{N}$ が $\boldsymbol{a} = (a_1,\ldots,a_n) \in \mathbb{R}^n$ に対して,

$$\varphi_\mathrm{N}^{-1}(\boldsymbol{a}) = \left(\frac{2a_1}{1 + |\boldsymbol{a}|^2}, \ldots, \frac{2a_n}{1 + |\boldsymbol{a}|^2}, 1 - \frac{2}{1 + |\boldsymbol{a}|^2}, \right)$$

となります. 写像 $\varphi_\mathrm{S} : U_\mathrm{S} \to \mathbb{R}^n$ を

$$\varphi_\mathrm{S}(x_1,\ldots,x_{n+1}) = \left(\frac{x_1}{1 + x_{n+1}}, \ldots, \frac{x_n}{1 + x_{n+1}} \right)$$

と定めると, これも微分同相写像です. このとき, $\varphi_\mathrm{S} \circ \varphi_\mathrm{N}^{-1} : \varphi_\mathrm{N}(U_\mathrm{N} \cap U_\mathrm{S}) \to \varphi_\mathrm{S}(U_\mathrm{N} \cap U_\mathrm{S})$ は

$$\varphi_\mathrm{S} \circ \varphi_\mathrm{N}^{-1} = \left(\frac{a_1}{|\boldsymbol{a}|^2}, \ldots, \frac{a_n}{|\boldsymbol{a}|^2} \right)$$

となりますから, これは微分可能写像です. $\boldsymbol{0} \notin \varphi_\mathrm{N}(U_\mathrm{N} \cap U_\mathrm{S})$, すなわち $|\boldsymbol{a}| \neq 0$ に注意してください. □

問 7.7 M を 1 次元閉多様体とするとき, M は 1 次元球面 S^1 に微分同相であること, すなわち 1 次元閉多様体の微分同相類はただ 1 つであることを示せ. さらに, 1 次元コボルディズム群 $\Omega_1 = 0$ であることを示せ. (30 分以内で三段)

例 7.2 F^2 を閉曲面, すなわち 2 次元閉多様体とします. 閉曲面の種類には, 向きづけ可能な場合は 2 次元球面 S^2 と 2 次元トーラス $T^2 = S^1 \times S^1$, さらに一般に種数 g の閉曲面 Σ_g があり, 向きづけ不可能な場合は, 実射影平面 $\mathbb{R}P^2$ とクラインの壺 $\mathbb{R}P^2 \sharp \mathbb{R}P^2$, さらに一般に k 個の連結和 $\sharp^k \mathbb{R}P^2$ があります. 実は, 閉曲面はこれらすべてで尽くされる, つまり F^2

96   第 7 章　多様体を視る！(その 1)

はこれらのどれか 1 つと微分同相であることが知られています．この分類については，後の章のホモロジー群の計算のところで触れます．

　したがって，2 次元閉多様体の微分同相類は無限個あり，このように分類は完成しています．また，前章で紹介したコボルディズム群に関する結果 $\Omega_2 = 0$ が従います．

問 7.8　つぎの微分同相

$$T^2 \natural \mathbb{R}P^2 \cong \mathbb{R}P^2 \natural \mathbb{R}P^2 \natural \mathbb{R}P^2$$

が成り立つことを示せ．　　　　　　　　　　　　　　　　(30 分以内で三段)

　例 7.3　M^3 を 3 次元閉多様体とします．すでに紹介した 3 次元球面 S^3 は代表的な例です．このほかにも 3 次元閉多様体は実に多く存在します．残念ながら，M^3 の微分同相分類はまだ完成していません．しかしながら，21 世紀に入りペレルマン (G. Perelman) により，サーストン予想が解決されたので，とりあえず分類の部屋は 8 部屋に限ることが知られています．手軽に 3 次元閉多様体を構成するには，F^2 を任意の閉曲面とし，直積 $M^3 = F^2 \times S^1$ を考えることです．直積にならないものに，3 次元実射影空間 $\mathbb{R}P^3$ があります．これは次章でもっと一般に定義します．

　もう一つ直積にならない 3 次元閉多様体で，S^3 に大変形が似ているものを紹介しておきましょう．p, q, r を互いに素な正の整数とし，$(z_1, z_2, z_3) \in \mathbb{C}^3$ に対して

$$\Sigma^3(p, q, r) = \{|z_1|^2 + |z_2|^2 + |z_3|^2 = 1,\ z_1^p + z_2^q + z_3^r = 0\}$$

と定義します．これは (p, q, r) 型のブリスコーン多様体 ([12] 参照) とよばれます．これは次章で紹介する「レベル曲面定理」から 3 次元閉多様体になることが容易にわかります．特に，$\Sigma(2, 3, 5)$ が S^3 と形が似ていて，ホモロジー群の同型 $H_*(\Sigma(2, 3, 5)) \cong H_*(S^3)$ が成り立ちます．形の違いは基本群で判定できて，S^3 の基本群は自明ですが，$\Sigma(2, 3, 5)$ の基本群は位数 120 の有限群になります．3 次元閉多様体 M^3 の分類は完成していませんが，コボルディズムによる分類は完成していて，$\Omega_3 = 0$ であること，すなわち向きづけ可能な任意の M^3 に対して，コンパクトで向きづけ可能な 4 次元多様

体 W^4 が存在して，$\partial W^4 = M^3$ が成り立ちます． $\square$

次章では後の議論で大事な役目を果たす微分可能多様体のもう少し豊富な例について触れます．

第8章 多様体を視る！（その2）

　前章の内容の復習を兼ねた，比較的易しい演習問題を用意しました．本章の内容とも繋がりが深いものなので，本論に入る前にまずは解いてみてください．

□**問題 8.1**　オイラー標数が計算可能な位相空間 $X = X_1 \cup X_2$ について，

$$\chi(X) = \chi(X_1) + \chi(X_2) - \chi(X_1 \cap X_2)$$

が成り立つことと，$\chi(S^2) = 2$, $\chi(T^2) = 0$ であることを利用して，種数 g の閉曲面 Σ_g に対して，オイラー標数が $\chi(\Sigma_g) = 2 - 2g$ であることを示せ．また，k 個の実射影平面の連結和 (第9章参照) $\sharp^k \mathbb{R}P^2$ に関して，$\chi(\sharp^k \mathbb{R}P^2) = 2 - k$ が成り立つことを示せ．　　　　（20分以内で二段）

□**問題 8.2**　3次特殊直交群

$$SO(3) = \{A \in M(3, \mathbb{R}); \, {}^t A \cdot A = E, \, |A| = 1\}$$

上のモース関数 $f : SO(3) \to \mathbb{R}$ で特異点の個数が最少のものの個数を決定し，それを具体的に構成せよ．　　　　　　　　　　　　（1時間以内で三段）

□**問題 8.3**　前章で定義したブリスコーン多様体 $\Sigma(2, 3, 5)$ 上のモース関数 $f : \Sigma(2, 3, 5) \to \mathbb{R}$ で特異点の個数が最少のものの個数を決定し，それを具体的に構成せよ．　　　　　　　　　　　　　　　　　　（2時間以内で四段）

8.1 はじめに

　大阪へ来ておよそ 20 年が経ちました．地球上の温暖化がこの 20 年で急速に進んだのかどうかは定かではありませんが，大阪の冬は比較的温暖で，私が生まれ育った東京と比べて，寒さがあまり厳しくないという印象を受けました．東京では冬の寒い朝は，水たまりなどはたいてい凍っていて氷の板ができていました．地面の土には霜柱が立つのが当たり前だった記憶があるのですが，大阪へ来た最初の冬に「霜柱が立ちませんね」と尋ねると，「霜柱って何や？」と聞き返されたのには驚きました．センター試験が行われる毎年の 1 月の半ばの土日はたいていその冬の一番の冷え込みとなるので，東京では雪が降ることが多いのですが，大阪ではめったに雪は降りません．暖かい冬，そんな印象があります．

　私は毎日の天気予報が大好きで，可能な限り欠かさずに眺めます．天気図の等高線と気圧の具合から明日や週間の予報が解説されます．風の流れはベクトル場，おおむね夏に発生する台風の目はベクトル場の特異点を意味しますね．低気圧の中心部では，前線の交わり部分に尖点が生じます．また，等高線の気圧が 1 番高い地点や最も低い地点は，関数の勾配ベクトル場の特異点，すなわちモース関数の特異点を同時に意味します．こうして見ると，天気予報はまるで地球上における「特異点論」の解説に思えてこないでしょうか．これが私が天気予報が好きな理由です．

　しかしながら，如何せん天気予報，特に週間予報や月間予報などは必ずしも当たらなくて，晴れや雨あるいは雷雨や雹や積雪の予報などがしばしば「外れる」のが常です．私はこれは，気象予報士がトポロジーに関わる数学的理論を用いていないからだと解釈しています．実際，天気図の等高線や気圧配置から，24 時間ぐらいまでの気象の変化を予測するのは数学的に，特にトポロジカルには簡単で，私も独自に頭の中で図を描いて考えます．予報とは違う結論がでることがありますが，私の方が正しいことがしばしばです．日本近郊の天気図 (日本列島を含む開集合上のベクトル場の様子) を時間経過とともに予測する (ベクトル場の 1 パラメータに沿った変化を読み取る) ことは微分方程式による位相的な解析です．トポロジーに精通した気象予報士が現れることを期待しています．

　このように，風の流れや分布は気圧を生み出します．気圧の変化はまさに

100　第 8 章　多様体を視る！(その 2)

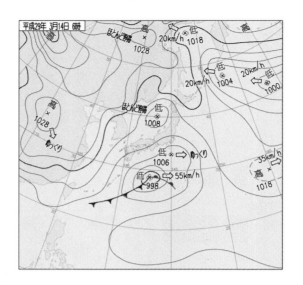

図 8.1　ある日の天気図 (気象庁ホームページより)

地球上の天気そのものの移り変わりを表します．同様に，磁力の流れ (物理学では磁場といいますが，数学的にはベクトル場です) や分布は磁界を，電気の流れ (電場です) や分布は電界を生み出します．これらの分布の一様性が崩れる場所を特異点とよびます．例えば，台風の目はまさに特異点ですし，図 8.1 でも低気圧の前線は折り目特異値，前線の分かれ目には尖点が現れています．こうして特異点は日常のさまざまな場面に現れ，その研究は私たちの日常生活とも切っても切り離せない現象の解明に繋がります．

8.2　多様体のさらなる例

前章で 3 次元までの多様体の例を概観しました．この章では後の議論で大事な役割を果たす多様体の例と多様体上の**ベクトル場**の話題に触れます．また，本章では問が多く登場するので，一問ずつ内容をよく味わいながら読み進めてみてください．

例 8.1　$K = \mathbb{R}, \mathbb{C}$ または $\mathbb{H}$ とします．($\mathbb{C}$ は複素数体，$\mathbb{H}$ は四元数体を表します．$\mathbb{H}$ の虚数単位の定義関係式は [6] を参照してください．)　このとき，

$$KP^2 = \{A \in M(3, K);\ A^* = A,\ A^2 = A,\ \mathrm{tr}(A) = 1\}$$

をそれぞれ**実射影平面**，**複素射影平面**，**四元数射影平面**といいます．ここで，A^* は $K = \mathbb{R}$ のとき転置行列 ^tA を，$K = \mathbb{C}, \mathbb{H}$ のとき，共役転置行列を表します．$\mathbb{R}P^2, \mathbb{C}P^2, \mathbb{H}P^2$ はそれぞれ 2 次元，4 次元，8 次元の微分閉多様体になります．　□

問 8.1　$K = \mathbb{R}, \mathbb{C}$ または $\mathbb{H}$ とするとき，一般に $\boldsymbol{x}, \boldsymbol{y} \in K^{n+1} - \{\boldsymbol{0}\}$ に対して，

$$\boldsymbol{x} \sim \boldsymbol{y} \iff \text{ある } k \in K \text{ があって } \boldsymbol{y} = k\boldsymbol{x} \text{ を満たす}$$

と関係 $\sim$ を定義すると，これは同値関係で，その商空間 KP^n を n **次元実**，**複素**，**四元数射影空間**という．$\mathbb{R}P^n, \mathbb{C}P^n, \mathbb{H}P^n$ はそれぞれ n 次元，$2n$ 次元，$4n$ 次元の微分閉多様体になることを示せ．$n = 2$ の場合は例 2.1 の定義と一致することを示せ．　(1 時間以内で三段)

例 8.2　球面の定義を拡張した空間 'シュティーフェル多様体' を定義します．$\boldsymbol{v}_1, \boldsymbol{v}_2, \ldots, \boldsymbol{v}_k \in \mathbb{R}^n$ を一次独立な k 個の正規直交ベクトルとします：すなわち $1 \le i, j \le k$ に対して，$\mathbb{R}^n$ の内積 $\langle\ ,\ \rangle$ を用いて

$$\langle \boldsymbol{v}_i, \boldsymbol{v}_j \rangle = \delta_{ij} = \begin{cases} 1 & (i = j) \\ 0 & (i \ne j) \end{cases}$$

が成り立つとします．ここで，δ_{ij} は**クロネッカーのデルタ記号**です．これを**正規直交 k 枠**といいます．このとき，$\mathbb{R}^n$ の正規直交 k 枠全体の集合を $V_k(\mathbb{R}^n)$ と書いて，(n, k) 型の**実シュティーフェル多様体**といいます．

$\mathbb{R}^n$ を複素ベクトル空間 $\mathbb{C}^n$ に置き換えて，(n, k) 型の**複素シュティーフェル多様体** $V_k(\mathbb{C}^n)$ も定義できます．　□

問 8.2　$V_1(\mathbb{R}^{n+1}) = S^n$ を示せ．さらに，$V_n(\mathbb{R}^n) = O(n)$（n 次直交群）となることを示せ．ただし，E を n 次単位行列とするとき，

$$O(n) = \{A \in M(n, \mathbb{R});\ {}^tA \cdot A = E\}$$

である．　(15 分以内で二段)

102   第 8 章 多様体を視る！(その 2)

$$SO(n) = \{A \in O(n); \ |A| = 1\}$$

を n **次特殊直交群**といいますが，$SO(2) \cong S^1$ であり，$SO(3) \cong \mathbb{R}P^3$ が成り立ちます.

問 8.2 と同じ考え方により，$V_1(\mathbb{C}^{n+1}) = S^{2n+1}$ となりますし，さらに $V_n(\mathbb{C}^n) = U(n)(n$ 次ユニタリー群$)$ となります.

$$SU(n) = \{A \in U(n); \ |A| = 1\}$$

を n **次特殊ユニタリー群**といいますが，$U(1) \cong S^1$ であり，$SU(2) \cong S^3$ が成り立ちます.

問 8.3   微分同相

$$SO(3) \cong \mathbb{R}P^3, \quad SU(2) \cong S^3$$

が成り立つことを確かめよ.   (30 分以内で三段)

陰関数定理と横断性の定義から，ほとんど明らかに次のことが従います：

問 8.4 S を N の余次元 k の部分多様体とし，$f: M \to N$ を S に横断的な微分可能写像で，$f^{-1}(S) \neq \emptyset$ とする．このとき，$f^{-1}(S)$ は M の余次元は k である．これを示せ．ただし，$k = \dim M - \dim S$ である.   (15 分以内で三段)

この問で $M = \mathbb{R}^m$，$N = \mathbb{R}^p$ $(m \geq p)$ とおいて，微分可能写像 $f: \mathbb{R}^m \to \mathbb{R}^p$ を考えるとき，$y \in \mathbb{R}^p$ が f の正則値で，$f^{-1}(y) \neq \emptyset$ ならば，$f^{-1}(y)$ は $(m - p)$ 次元の部分多様体となります．これを**レベル曲面定理**とよびます.

$M = \mathbb{R}^{nk}$，$N = \mathbb{R}^{\frac{k(k+1)}{2}}$ として，写像 f を

$$f(\boldsymbol{v}_1, \ldots, \boldsymbol{v}_k) = \left(|\boldsymbol{v}_1|^2, \ldots, |\boldsymbol{v}_k|^2, \langle \boldsymbol{v}_1, \boldsymbol{v}_2 \rangle, \ldots, \langle \boldsymbol{v}_{k-1}, \boldsymbol{v}_k \rangle \right)$$

と定めると，f は明らかに微分可能写像で，点 $y = (1, \ldots, 1, 0, \ldots, 0) \in \mathbb{R}^{\frac{k(k+1)}{2}}$ が f の正則値であることが容易に確かめられます.

> **問 8.5** $y = (1, \ldots, 1, 0, \ldots, 0) \in \mathbb{R}^{\frac{k(k+1)}{2}}$ が f の正則値であること
> と，$V_k(\mathbb{R}^n) = f^{-1}(y)$ であることを示せ． (15 分以内で初段)

この問いにより $l = nk - \dfrac{k(k+1)}{2}$ とおくと，一般に $V_k(\mathbb{R}^n)$ は l 次元の

微分閉多様体になります．特に，$n = k$ のとき $O(n) = V_n(\mathbb{R}^n)$ は $\dfrac{n(n-1)}{2}$

次元の閉多様体になります．

> **問 8.6** ブリスコーン多様体 $\Sigma(p, q, r)$ が実際に 3 次元閉多様体にな
> ることを，レベル曲面定理を用いて示せ． (15 分以内で三段)

$\Sigma(2, 3, 5)$ の多様体としてのさらに詳しい構造については [3] を参照してください．

例 8.3 $\mathbb{R}^{n+k}$ を $(n+k)$ 次元ベクトル空間とし，$\mathbb{R}^{n+k}$ の k 次元部分ベクトル空間を $L \subset \mathbb{R}^{n+k}$ とします．このような L 全体の集合を $G_k(\mathbb{R}^{n+k})$ と書いて，(n, k) 型の**実グラスマン多様体**といいます．実際，$G_k(\mathbb{R}^{n+k})$ は nk 次元の微分閉多様体になります．特に，$(n, 1)$ 型の実グラスマン多様体 $G_1(\mathbb{R}^{n+1})$ は，実射影空間 $\mathbb{R}P^n$ にほかなりません．この定義で，部分空間 L に向きを指定 (L の基底の順序づけを指定) して考えると，向きづけられた (n, k) 型の**実グラスマン多様体** $\widetilde{G}_k(\mathbb{R}^{n+k})$ を得ます．向きづけられた $(n, 1)$ 型の実グラスマン多様体 $\widetilde{G}_1(\mathbb{R}^{n+1})$ は，n 次元球面 S^n にほかなりません．

$\mathbb{R}$ を $\mathbb{C}$ に置き換えて，(n, k) 型の**複素グラスマン多様体** $G_k(\mathbb{C}^{n+k})$ が定義されます．特に，$(n, 1)$ 型の複素グラスマン多様体 $G_1(\mathbb{C}^{n+1})$ は，複素射影空間 $\mathbb{C}P^n$ にほかなりません． □

8.3 写像の正則点理論

本節のタイトルをご覧になって訝しがる必要はありません．おそらくあまり見かけたことのない分野名でしょう．「写像の正則点理論」は 2 つの理論から成ります．「はめ込み・埋め込み写像の理論」と「沈めこみ写像の理論」です．'沈めこみ写像' の定義はまだ与えていませんでした．M, N をそれぞ

104 第 8 章 多様体を視る！(その 2)

れ n 次元および p 次元微分多様体とし，$n \geqq p$ と仮定します．微分可能写像 $f : M \to N$ が任意の $x \in M$ において，$\operatorname{rank} df_x = p$ を満たすとき，f を**沈めこみ写像**とよびます．つまり，M の任意の点が正則点となります．正則点の局所的分類は，すでに 5.2 節で与えました．また，レベル曲面定理から，沈めこみ写像 $f : M \to N$ があると，任意の $y \in N$ に対して $S = f^{-1}(y) \neq \emptyset$ ならば，S は $(n-p)$ 次元の M の部分多様体となります．そこで，S が多様体であるばかりでなく実ベクトル空間の構造を備えた線形空間であるとき，沈めこみ写像 f を**ベクトル束**とよびます．このとき，$S = \mathbb{R}^{n-p}$ ですから，正確には $(n-p)$ **次元ベクトル束**といいます．$S = \mathbb{R}^{n-p}$ のことを f の**ファイバー**といいます．

　M 上の点は $x \in N$ と $v \in S$ の点の対 (x, v) で決まりますから，写像を慣習的に $\pi : M \to N$，$\pi(x, v) = x$ と書くことが多く，ベクトル束の**射影**といいます．π は明らかに全射です．射影の記号は幅をとるので，k 次元ベクトル束を簡単に ξ^k(または単に ξ) と書くこともあります．

　ベクトル束には**切断**とよばれる逆向きの写像 $s : N \to M$ を考えるのが重要です．切断は，$\pi \circ s$ が N の恒等写像になるような写像として定義されます．

　$M = N \times \mathbb{R}^k$ として，$\pi : M \to N$，$\pi(x, v) = x$ と定義すると，これは明らかに k 次元ベクトル束になります．これを**自明なベクトル束**といい，ε^k と書きます．一般に，ベクトル束は自明になるとは限りません．

　重要なベクトル束に多様体 M の**接ベクトル束** TM があります．TM_x を点 $x \in M$ における接空間とするとき，

$$TM = \bigcup_{x \in M} TM_x$$

で定義されます．M が n 次元多様体であるとき，$\pi : TM \to M$ は n 次元ベクトル束になります．接ベクトル束の切断 $s : M \to TM$ は，M 上の**ベクトル場**とよばれます．

　さて，多様体上のベクトル場が定義できたところで，そこに新たな「特異点」が定義できることを見てみましょう．$s : M \to TM$ を M 上のベクトル場とします．ある点 $x \in M$ があって，$s(x) = \mathbf{0}$ が成り立つとき，x をベク

トル場 s の**特異点** (または**零点**) といいます. ベクトル場 s が特異点をもたないとき, **非特異ベクトル場**といいます.

接ベクトル束 TM が自明な n 次元ベクトル束になるとき, 多様体 M は**平行化可能**であるといいます.

問 8.7 微分同相 $\mathbb{R}^2 - \{(0,0)\} \cong S^1 \times \mathbb{R}$ が成り立つことを示せ. さらに, 接ベクトル束 TS^1 は $S^1 \times \mathbb{R}$ に微分同相であること, すなわち 1 次元球面 S^1 は平行化可能であることを示せ. また, このことの背景には複素数の代数構造が深く関係していることを明らかにせよ.

(20 分以内で二段)

ここで, 2 次元球面 S^2 が平行化可能ではないことを示すことにします. そこで, $TS^2 = S^2 \times \mathbb{R}^2$ と仮定しましょう. このとき, S^2 の接ベクトル束は

$$TS^2 = \{(\boldsymbol{x}, \boldsymbol{v}) \in \mathbb{R}^3 \times \mathbb{R}^3;\ |\boldsymbol{x}| = 1,\ \langle \boldsymbol{x}, \boldsymbol{v} \rangle = 0\}$$

と表されます. そこで, 接ベクトル $\boldsymbol{v}$ の長さを 1 以下に制限した部分集合

$$DS^2 = \{(\boldsymbol{x}, \boldsymbol{v}) \in TS^2;\ |\boldsymbol{v}| \leqq 1\}$$

を考えると, これはコンパクトな (境界つき)4 次元多様体になりますが, 仮定から $DS^2 \cong S^2 \times D^2$(微分同相) でなければなりません. すると, その境界は

$$\partial DS^2 = \partial(S^2 \times D^2) = S^2 \times \partial D^2 = S^2 \times S^1$$

となります. ところで, 定義から

$$\partial DS^2 = \{(\boldsymbol{x}, \boldsymbol{v}) \in TS^2;\ |\boldsymbol{v}| = 1\}$$

ですが, $(\boldsymbol{x}, \boldsymbol{v}) \in \partial DS^2$ に対して, $(\boldsymbol{x}, \boldsymbol{v}, \boldsymbol{x} \times \boldsymbol{v})$ を対応させる写像を f とします. ここで, $\boldsymbol{x} \times \boldsymbol{v}$ は $\mathbb{R}^3$ の外積を表します. したがって, $\boldsymbol{x}, \boldsymbol{v}, \boldsymbol{x} \times \boldsymbol{v}$ は 3 つの正規直交ベクトルとなるので, $A = (\boldsymbol{x}\ \boldsymbol{v}\ \boldsymbol{x} \times \boldsymbol{v})$ を 3 つの列ベクトルを並べた行列と見なすと, A は直交行列で, しかも $|A| = 1$ であることが確かめられます. したがって, $A \in SO(3)$ です.

106   第 8 章　多様体を視る！(その 2)

■　問 8.8　$A \in SO(3)$ であることを確かめよ.　　　　(5 分以内で初段)

　ですから，写像 f の定義から，これが微分同相写像であることは明らか
です．問 8.3 にあるように，$SO(3) \cong \mathbb{R}P^3$ ですから，さきほどのことから
$\mathbb{R}P^3 \cong S^2 \times S^1$(微分同相) でなければなりません．しかし，これはどう考
えても可笑しな結論です．例えばそれぞれの基本群を計算すると，すぐにわ
かります．

$$\pi_1(\mathbb{R}P^3) \cong \mathbb{Z}_2,$$
$$\pi_1(S^2 \times S^1) \cong \pi_1(S^2) \times \pi_1(S^1) \cong \mathbb{Z}$$

だから，$\mathbb{R}P^3$ と $S^2 \times S^1$ とは異なる多様体です[1].

問 8.9　基本群の計算
$$\pi_1(\mathbb{R}P^3) \cong \mathbb{Z}_2, \quad \pi_1(S^2 \times S^1) \cong \mathbb{Z}$$
の細部を補え.　　　　　　　　　　　　　　　(20 分以内で三段)

　この矛盾は，S^2 が平行化可能と仮定したことから起こったことなので，
これで「S^2 が平行化可能ではない」ことが証明されました.

　続いて，複数のベクトル場を考えることをしましょう．$\pi : TM \to M$ を
n 次元ベクトル束とします．このとき，k 個の切断 $s_1, \ldots, s_k$ が**一次独立**で
あるとは，任意の $x \in M$ に対して，

$$\alpha_1 s_1(x) + \alpha_2 s_2(x) + \cdots + \alpha_k s_k(x) = \mathbf{0}$$

ならば $\alpha_1 = \alpha_2 = \cdots = \alpha_k = 0$ が成り立つときをいいます．この定義はほ
とんど線形代数のそれと同じですね．違いは多様体の上で接ベクトルを自由
に動かして一次独立性を考えている点です．ただ 1 つのベクトル場が 1 次独
立なら，それは非特異ベクトル場であることに注意します.

---

　1)　この部分は次章で解説するホモロジー群の計算でも同様に矛盾が生じます.

8.3 写像の正則点理論 **107**

> **問 8.10** M が平行化可能であるための必要十分条件は，n 個の一次独立なベクトル場 $s_1, s_2, \ldots, s_n$ が存在することである．このことを示せ．
>
> 　四元数 $\mathbb{H}$ の代数構造 ([6] 参照) を用いて，3 次元球面 S^3 は平行化可能であることを示せ． (40 分以内で三段)

　n 次元球面 S^n が平行化可能となるのは，$n = 1, 3, 7$ の場合に限ることが知られています．S^7 が平行化可能であるのは八元数体の代数構造に基づいて示すことができます (再び [6] 参照)．$n = 1, 3, 7$ の場合に限ることの証明には，特性類の理論が必要になります．特性類は写像の特異点論においても重要な役割を果たすため，後の章で詳しく触れることになります．

> **問 8.11** $n = 1, 3, 7$ の場合，実射影空間 $\mathbb{R}P^n$ は平行化可能であることを示せ． (20 分以内で二段)

　さて，多様体が与えられたときに，それが平行化可能か否かを判定することはそれほど簡単な問題ではありません．しかし，実は非特異ベクトル場が存在するための必要十分条件が与えられていて，「ポアンカレ-ホップの定理」とよばれるものがそれです．最初に，ポアンカレが閉曲面の場合を証明し，1920 年代にホップ (H. Hopf) が一般の多様体の場合に証明を与えました．

　「ポアンカレ-ホップの定理」によると，非特異ベクトル場が存在するための必要十分条件は，その多様体の 'オイラー標数がゼロとなる' ことです．またまたオイラー標数です．オイラー標数が非特異ベクトル場が存在するための '障害' になっているわけです．ベクトル場の特異点という概念は，写像の特異点とは異なる設定で定義されるものですが，どうやらその背後にはオイラー標数があって，実は深い繋がりがあるのかもしれません．これは決して等閑にできる問題ではありませんね．実際，そこには密接な繋がりがあることが最終章近くにわかると思います．それまで楽しみにしていてください．

　さて，この段階ではちょっと難しいかもしれませんが，次の問題を考えてみてください：

108   第8章　多様体を視る！(その2)

問 8.12　実射影空間 $\mathbb{R}P^n$ は n が偶数のとき平行化可能ではないこと
を「ポアンカレ-ホップの定理」を使わずに示せ．　(1時間以内で五段)

8.4　ポアンカレ-ホップの定理

　折角ですから，ポアンカレ-ホップの定理の定式化に触れておきましょう．

　第5章の解説において，特異点を定義したあとに，mod 2写像度を定義
しましたが，これを整数値を取る写像度へと拡張します．M, N を n 次元
多様体とし，微分可能写像 $f : M \to N$ を考えます．$y \in N$ が f の正則値
であるとき，$f^{-1}(y)$ が有限集合であると仮定します．そこで，$f^{-1}(y) =
\{x_1, x_2, \ldots, x_k\}$ とおくとき，各 x_i は f の正則点なので，その点におけるヤ
コビ行列は正または負の値を取ります．$J_f(x_i) > 0$ となる x_i の個数を p_+
とし，$J_f(x_i) < 0$ となる x_i の個数を p_- とします．このとき，

$$\deg(f) = p_+ - p_- \in \mathbb{Z}$$

と定めて，写像 f の**写像度**といいます．当然ですが，$p_+ + p_-$ は mod 2 写
像度になりますから，$\deg(f) \equiv d_2(f) \pmod 2$ が成り立ちます．この定義
には曖昧さが潜んでいます．まず，どんな多様体 M, N でもよいのかとい
うこと，そして，正則値 y の取り方には依存しないのか，ということです．
最初の問の答えは，M, N が向きづけられた多様体ならばよい，となりま
す．多様体の向きづけに関しては，次章で解説します．正則値の取り方に依
らないことも多様体の向きづけと深く関わります．

　ベクトル場の特異点の話に戻りましょう．$p \in M$ を n 次元多様体 M 上
のベクトル場 v の特異点で，p の近傍 U にはほかに特異点はないと仮定し
ます．M は多様体ですから，U は $\mathbb{R}^n$ に微分同相となるように選べます．
すると，$x \in U - \{p\}$ を選ぶと，$v(x) \neq \mathbf{0}$ ですから，$|x - p| = \varepsilon > 0$ とお
くとき，半径が ε の $(n-1)$ 次元球面 $S_\varepsilon^{n-1} = \{x \in U;\ |x| = \varepsilon\}$ から，単位
球面への写像 $f : S_\varepsilon^{n-1} \to S^{n-1}$ が

$$\frac{v(x)}{|v(x)|} = f(x)$$

として定まります．球面はいつでも向きづけ可能 (次章参照) なので，写像
f の写像度 $\deg(f) \in \mathbb{Z}$ が定義できます．このとき，

$$\text{index}(v, p) = \deg(f)$$

と書いて，ベクトル場 v の特異点 p における**指数**といいます．この定義は諸々の選び方 (近傍 U や半径 ε の値など) には依らずにベクトル場とその特異点だけで定まることがわかります．

M^n 上にベクトル場 v があって，その特異点が有限集合 $\{p_1, p_2, \ldots, p_k\}$ であると仮定します．このとき，特異点 p_i における指数の総和を

$$\text{Ind}(v) = \sum_{i=1}^{k} \text{index}(v, p_i)$$

と書いて，ベクトル場 v の指数といいます．この値は定義から整数値を定めますが，ベクトル場の取り方には依らない位相不変量であるというのが，ポアンカレ-ホップの定理の主張です．すなわち，

$$\text{Ind}(v) = \chi(M^n) \tag{☆}$$

が成り立ちます．ここでのポイントは，$\text{Ind}(v) \in \mathbb{Z}$ がベクトル場 v の選び方には依らないことです．これを認めると，議論はスムーズに進みます．計算しやすいベクトル場を 1 つ選んでしまえばよいからです．これは簡単です．M^n 上にはモース関数 $g : M^n \to \mathbb{R}$ が存在します．その勾配ベクトル場 $\text{grad}(g)$ を選ぶと，"g の特異点がベクトル場 $\text{grad}(g)$ の特異点" にもなります．$p \in M^n$ を関数 g の指数 λ の特異点とするとき，座標近傍 $U \ni p$ をとって，$f : S_\varepsilon^{n-1} \to S^{n-1}$ を定めると，

$$f(x_1, \ldots, x_n) = (-x_1, \ldots, -x_\lambda, x_{\lambda+1}, \ldots, x_n)$$

となります．よって，$\text{Ind}(\text{grad}(g), p) = (-1)^\lambda$ を得ます．あとは，強い形のモース不等式を適用して，所望の (☆) が得られます．

問 8.13 写像 $f : S_\varepsilon^{n-1} \to S^{n-1}$ が

$$f(x_1, \ldots, x_n) = (-x_1, \ldots, -x_\lambda, x_{\lambda+1}, \ldots, x_n)$$

となることを示し，$\text{Ind}(\text{grad}(g), p) = (-1)^\lambda$ であることを示せ．

(20 分以内で三段)

ポアンカレやホップの時代には，モース理論はまだ姿を現していなかった

ので，これは現代的観点からのポアンカレ-ホップの定理の証明です．

ベクトル場 v が非特異ならば，特異点は存在しないので，$\mathrm{Ind}(v) = 0$ と定めます．ですから，M^n 上に非特異ベクトル場が存在すれば，(☆) より，$\chi(M^n) = 0$ であることが従います．

さて，このことの逆の主張 "$\chi(M^n) = 0$ であるならば，M^n 上に非特異ベクトル場が存在する" こと，すなわち**ベクトル場の特異点解消定理**のあらましを次に紹介しましょう．

多様体 M^n が $\chi(M^n) = 0$ を満たすとします．このとき，M^n 上のベクトル場 v が存在して，v の特異点は有限個で $p_1, p_2, \ldots, p_k$ としましょう．このとき，M^n に埋め込まれた n 次元円板 D^n が存在して，$p_1, p_2, \ldots, p_k \in$ $\mathrm{Int}\, D^n$ を満たすとします (Int は内部を表します)．仮定から，

$$\mathrm{Ind}(v) = \sum_{i=1}^{k} \mathrm{index}(v, p_i) = \chi(M^n) = 0$$

なので，制限写像 $\overline{v} : \partial D^n \to S^{n-1}$ の写像度は 0 ですから，(拡張にあたる) 連続写像 $w : D^n \to S^{n-1}$ が存在して，$w|_{\partial D^n} = \overline{v}$ を満たします．多様体の間の任意の連続写像は，微分可能写像により近似できることが知られているので，w は最初から微分可能写像と考えることにします．

さて，$p \in D^n$ に対して，p を中心とする局所座標を $(x_1, \ldots, x_n)$ とし，$w(p) = (w_1(p), w_2(p), \ldots, w_n(p))$ とおきます．このとき，D^n 上の新しいベクトル場を

$$\overline{w}(p) = w_1(p)\frac{\partial}{\partial x_1} + w_2(p)\frac{\partial}{\partial x_2} + \cdots + w_n(p)\frac{\partial}{\partial x_n}$$

と定義すると，明らかに $\overline{w}$ は非特異ベクトル場になります．そこで，$M^n -$ $\mathrm{Int}\, D^n$ 上のベクトル場 v と D^n 上のベクトル場 $\overline{w}$ をつなぎ合わせて，M^n 上に非特異ベクトル場が構成できたことになります．

つまり，オイラー標数が消えることは M^n 上に非特異ベクトル場が存在するための必要十分条件なのです．

例えば，閉多様体 M^n に対して，n が奇数ならばいつでも $\chi(M^n) = 0$ が成り立つことが知られています．これはそれほど難しい事実ではなくて，M^n が向きづけ可能ならば，ポアンカレ双対定理からベッチ数の等式 $b_{n-k} = b_k$ が任意の正整数 k に対して成り立つので，n が奇数ならば

$$\chi(M^n) = \sum_{k=0}^{n} (-1)^k b_k = 0$$

が従うからです. M^n が向きづけ不可能な場合は, 二重被覆写像 $\pi : \widetilde{M^n} \to M^n$ をうまく取って, $\widetilde{M^n}$ を向きづけ可能なものに選べて, オイラー標数の等式 $\chi(\widetilde{M^n}) = 2\chi(M^n)$ が成り立つことに依ります. ですから奇数次元の閉多様体上にはいつでも非特異ベクトル場が存在することになります.

このように閉多様体上のベクトル場の特異点は, 離散点で存在するため, 特異点を解消するのはそれほど難しくはありません. 多様体のオイラー標数が唯一の障害なのです. しかし, 写像の特異点はたとえ離散点でもいつでも解消できるとは限りません. さらに, 多様体の間の微分可能写像の特異点集合は, 一般に次元をもつので, その特異点を解消するための第一義的な障害「特異点のトム多項式」(後の章で触れます) がたとえ消えていても特異点を解消できない別の障害があって, 特異点の解消を阻止する現象にも出くわします. 例えば, ジェネリックな写像 $f : \mathbb{C}P^2 \to \mathbb{R}^3$ には, 三種類 (折り目・カスプ・ツバメの尾) の特異点が現れ, そのうちのカスプ特異点集合は 1 次元部分多様体で, そのトム多項式は消えているのですが, カスプ特異点は決して解消できないという例が低次元対 $(4,3)$ に存在することが知られています. 15.4 節を参照.

多様体のベッチ数やオイラー標数を計算する効率的な方法を知っておくのは多様体論を進める上で重要なステップとなります. そこで次章では多様体上のホモロジー論についての簡単な紹介を行うことにします.

第**9**章 多様体を視る！(その3)

前章の内容の復習を兼ねた，比較的易しい演習問題を 3 題用意しましたので，まずは解いてみてください．

□**問題 9.1**　複素関数 $f : \mathbb{C} \to \mathbb{C}$, $f(z) = z^n$ $(n \in \mathbb{Z})$ を考える．$\mathbb{C} \cong \mathbb{R}^2$ と同一視して，この複素関数を微分可能写像 $f_n : \mathbb{R}^2 \to \mathbb{R}^2$ と見なす．$S^1 = \{z \in \mathbb{C} ; |z| = 1\}$ に対して，同一視のもと写像 $f_n : S^1 \to S^1$ の写像度を求めよ．　　　　　　　　　　　　　　　　　　　　　(30 分以内で二段)

□**問題 9.2**　2 次元球面 S^2 上のベクトル場を

$$v(\boldsymbol{p}) = (\boldsymbol{p} ; y, -x, 0) \qquad (\boldsymbol{p} = (x, y, z) \in S^2)$$

と定める．このとき，ベクトル場 v の特異点を求め，v の指数を求めることにより，ポアンカレ-ホップの定理が成り立つことを確かめよ．(40 分以内で三段)

□**問題 9.3**　$SO(3)$ 上に 3 つの一次独立なベクトル場を具体的に構成せよ．(30 分以内で四段)

9.1　はじめに

'病気をして知る健康の大切さ' という言葉があります．ふだん私達は健康であることの有り難さを，ともすると忘れがちになります．ひとたび病気になると，日常のさまざまな活動や場面に支障をきたし，肉体とはこんなにも

脆いものであったのかと思い知らされます。病気というのは，肉体に生じた特異な現象で，生活に制約が生じるとあらためて健康という正常な状態の有り難さが身に染みます。例えば，「癌」というのは，言うなれば肉体に生じた特異点集合です。この特異点を解消するには，特異点の特性を知って解消するすべを研究しなくてはなりません。現代医学では，癌の研究というのはずいぶんと進歩していて，最近では不治の病という印象はそれほどありません。

　三年ほど前，私は糖尿病の合併症で，腎臓と心臓を悪くしました。血圧は常時 200 を上回るようになり，不整脈と動悸に悩まされ，特に腎臓の方は「尿毒症」[1]が進行し，両足は二倍ぐらいに腫れ上がり，歩行もままならなくなりました。一年前には，主治医から「手術をして血液透析をしないと，あと一か月は命がもちません」と宣告されるほどの状態でした。ノーマルを正しく知るには特異をとことん知らなくては気が済まないという，特異点論研究者の性のためか，命を失う一歩手前にまで至ったわけです。幸い現代医学にとって尿毒症の治療はおてのもののようで，手術後徐々に体調が回復し，入院中には本書のもととなった連載の執筆のアイデアに至りました。腎臓の病というのは，喩えれば前章で学んだ多様体上のベクトル場の特異点のような存在で，難なく解消できることが幸いしました。

　さてすでに見てきたように，特異点の周りの現象の解明にはトポロジーの手法が必要不可欠です。本章では多様体をホモロジー群によって代数的に調べる準備をします。その前に大学入試問題の過去問から，トポロジー的思考をすると割合簡単に解ける問題を見てみましょう。

問 9.1　円周上に m 個の赤い点と n 個の青い点を任意の順序に並べる。これらの点により，円周は $m+n$ 個の弧に分けられる。このとき，これらの弧のうち両端の点の色が異なるものの数は偶数であることを証明せよ。ただし $m \geqq 1$, $n \geqq 1$ であるとする。

(東京大学・文系，2002 年)

　1）　体内の毒素を腎臓が濾して体外に排出できずに，毒素が体内に溜まっていく状態を表します。軽度なら「むくみ」です。

114　第 9 章　多様体を視る！(その 3)

この問いは受験生にとっては，案外難問に属するもののようで，出題当時の受験生の出来が悪かった問題として有名になりました．次も大学入試問題からの出題で，球面と四面体の関係を問う入試では珍しい定性的な問題です：

　問 9.2　空間内に四面体 ABCD を考える．このとき，4 つの頂点 A，B，C，D を同時に通る球面が存在することを示せ．

　　　　　　　　　　　　　　　　　　　　　　(京都大学・理系，2011 年)

このような空間図形の把握問題は，本章のテーマが「ホモロジー群」であるため，考え方の訓練には格好の演習となります．ちなみに，京都大学は四面体の問題が好みのようで，2016 年にも正四面体の特徴づけ問題が出題されました：

　問 9.3　四面体 OABC が次の条件を満たすならば，それは正四面体であることを示せ．
　　　条件：頂点 A,B,C からそれぞれの対面を含む平面へ下ろした垂線は対面の外心を通る．
　　ただし，四面体のある頂点の対面とは，その頂点を除くほかの 3 つの頂点がなす三角形のことをいう．　　　　　(京都大学・理系，2016 年)

以上 3 題とも 1 級レベルの問題です．問題の文章を読んで，その説明が頭の中で図に描けるようであれば，半分は解けたも同然です．本章は図を頭の中に描くことが大切になります．

9.2　閉曲面

本節から，多様体の構造を調べるために，多様体に複体の構造を入れて代数的に計算します．その前に，複体について慣れるための準備体操をします．互いに合同な正多角形を面としてもち，各頂点のまわりに同じ個数の面が集まってできる凸多面体を**正多面体**といいます．

まず，正多面体の各面が正 n 角形であるとき，その内角 θ を求めてみま

す. (中学校で習ったように) 正 n 角形の外角の和はいつでも 2π でした. したがって, 1 つの外角は $\dfrac{2}{n}\pi$ です. よって, 内角は

$$\theta = \pi - \frac{2}{n}\pi = \left(1 - \frac{2}{n}\right)\pi$$

となります.

各頂点のまわりに k 個の正 n 角形が集まってできる多面体では $k\theta < 2\pi$ が成り立ちます. このことを用いて, 可能な組合せ (n,k) をすべて決定しましょう. 不等式

$$\left(1 - \frac{2}{n}\right)k\pi < 2\pi$$

を整理すると

$$(n-2)(k-2) < 4 \tag{1}$$

となります. $n, k \geqq 3$ であることと, (1) から

$$(n,k) = (3,3),\ (3,4),\ (3,5),\ (4,3),\ (5,3)$$

の 5 通りしかないことがわかります. ちなみに, $(3,3)$ の場合は正 4 面体, $(4,3)$ の場合は正 6 面体 (立方体), $(3,4)$ の場合は正 8 面体, $(5,3)$ の場合は正 12 面体, $(3,5)$ の場合は正 20 面体, であることがわかります (図 9.1). これらは 2 次元球面 S^2 の単体分割を与えています.

トポロジーの研究は, 位相不変量によって図形の違いを区別します. **位相不変量**とは, 図形の本質を計算可能な量 (数値や群など) によって区別する道具立てです. したがって, トポロジーの研究はより精密な位相不変量を見いだすことと言っても過言ではありません.

さて, ○と△は位相空間として明らかに同相です. ○は 1 次元球面 S^1 で, 定義式は 2 次式 $x^2 + y^2 = 1$ で書けますが, その幾何学的性質を 1 次式で書ける図形△に関する計算から導出できると便利でしょう. 一般に曲がった空間は, 定義式を見いだすのさえ難しいので, それをすべて 1 次式で書ける単体とよばれる図形をパーツにして, それらをつなぎ合わせて位相空間を扱おうというのが, ホモロジー群の基本的な考え方です. 1 次式で書けてい

第9章 多様体を視る！(その3)

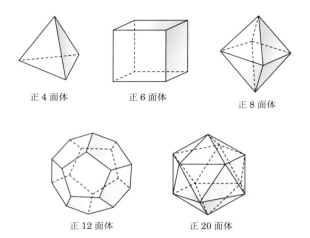

図 **9.1** 5つの正多面体

ると便利なのが，図形の間に線形写像 (つまり，準同型写像) が定義されて，群として扱えるという利点を最大限に利用できることです．これはまさにホモロジー群の最初の発見者ポアンカレの卓見といえますが，「うまい！」と思わず唸ってしまうのが，剰余群として定めるホモロジー群の定義の部分で，そこに図形の幾何学的性質のエッセンスを見いだすことができるのです．

ホモロジー群の有り難みを理解するためには，多様体の定義式を求める難しさから理解しておくとよいと思われます．まずは，トーラス (輪環面) T^2 です．定義式は4次式で書けて，

$$T^2 = \{(x,y,z) \in \mathbb{R}^3;\ (x^2+y^2+z^2+3)^2 = 16(y^2+z^2)\}$$

となります．

これがなぜトーラスを表すかは，xy 平面，yz 平面，zx 平面での切り口を

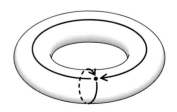

図 **9.2** 2次元トーラス T^2

見るとわかります．定義式に $y=0$ を代入すると，$(x^2+z^2+3)^2 = 16z^2$ となるので，$x^2+z^2+3 = \pm 4z$ で，この式は 2 つの円 $x^2+(z-2)^2 = 1$ と $x^2+(z+2)^2 = 1$ を表します．中心が $(0,\pm 2)$ で半径 1 の円です．$z=0$ を代入したときも同様です．したがって，xy 平面，zx 平面での切り口は x 軸を対称軸として，離れた場所に半径 1 の円が 2 つ描けます．一方，$x=0$ を代入すると，$(y^2+z^2+3)^2 = 16(y^2+z^2)$ より，因数分解できて

$$(y^2+z^2-9)(y^2+z^2-1) = 0$$

を得ますから，yz 平面の原点を中心とする半径が 1 と 3 の同心円が 2 つ得られます．以上のことから，T^2 は xz 平面の円で中心が $(0,2)$ で半径 1 のものを x 軸のまわりに回転してできる回転面に等しいことがわかり，たしかにトーラスになっていますね．これは前章の問題 8.1 の前半の解説にもなっています．

次に，2 つ穴のある浮き輪を表す閉曲面 Σ_2 は定義式を見つけるのが難しい 2 次元閉多様体です．大抵のトポロジストが講演や講義などで書く図は次のようになります：

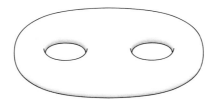

図 **9.3** 種数 2 の閉曲面 Σ_2

幾何関係のどんな本を見ても定義式は載っていません．数年前に，折角の機会だからとわたしもあれこれ考えてみましたが見つかりませんでした．そこでさまざまな数学者の方々にお尋ねしたところ，石川剛郎さんから次のような明快な 6 次式による定義式を教えていただきました：

$$\{(x+2)^2+y^2-1\}\{(x-2)^2+y^2-1\}(x^2+y^2-16)+z^2 = 0.$$

これを Mathematica で図示すると図 9.4 のようになります．図を見てもわかるように，少し歪んだ絵になっていますが，もっと整った図も発見されています．本書のもととなった連載が『数学セミナー』で始まったころ，2016

118　第 9 章　多様体を視る！(その 3)

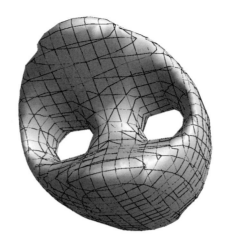

図 **9.4**　種数 2 の閉曲面 Σ_2 (定義式による図)

年 12 月号の入谷寛さんの記事を見て驚きました (と同時に連載でも引用できる内容なので喜びました). 45 ページの図 2 に実に美しい図が描かれていて, 6 次式による別の定義式も紹介されていますので, 興味を覚えた読者はご覧になるとよいと思われます. 閉曲面の場合でさえ案外難しい問題が内在していて, 実代数幾何 (複素数の構造を用いない代数幾何) とよばれる分野の奥深さを象徴しています.

周知の通り, (向きづけ可能) 閉曲面 M の穴の数を**種数** (genus) といいます. 次節で, 1 次元ベッチ数 $b_1(M)$ を定義しますが, 閉曲面の場合 $b_1(M)$ は偶数で, 2 で割った数が種数になります. 一般に種数が g の閉曲面を Σ_g と書きますが, 上の要領で, Σ_g の定義式は, $2(g+1)$ 次式で書けることになります. 読者自ら定義式を考えてみてください.

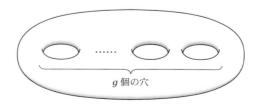

図 **9.5**　種数 g の閉曲面 Σ_g

続いて，向きづけ不可能な閉曲面の例にうつることにしましょう．トポロジー独特の'図形を生で扱う感覚'を味わってください．多様体の構成に際して，長さや大きさはほとんど無視して，自由に伸ばしたり，縮めたりするのがコツです．

実射影平面は商空間 $\mathbb{R}P^2 = \mathbb{R}^3 - \{(0,0,0)\}/\sim$ として定義されたことを思い出してください．その同値関係の定義より，3次元ユークリッド空間 $\mathbb{R}^3$ の原点を通る直線 l 上にある原点 $(0,0,0)$ 以外の点はすべて互いに同値になります．ですから，直線 l そのものを $\mathbb{R}P^2$ においては 1 点と考えればいいのです．そこで，さらにわかりやすく考えるために，単位球面 S^2 を考えます．S^2 と直線 l は $x^2 + y^2 + z^2 = 1$ を満たす 2 点 (x,y,z), $(-x,-y,-z)$ で交わるので，$\mathbb{R}P^2$ は S^2 上の 2 点 (x,y,z), $(-x,-y,-z)$ を同一視してできる空間だと思えます．S^2 上の点 $\mathrm{P}(x,y,z)$ が北半球 ($z \geqq 0$) にあるとすると，P は南半球 ($z \leqq 0$) にある点 $\mathrm{Q}(-x,-y,-z)$ が必ず相棒として同一視される点なので，初めから北半球だけ考えればよいわけです (図 9.6)．これはコンタクトレンズのように湾曲していますが，2 次元円板 D に同相なので，平たくして考えます．

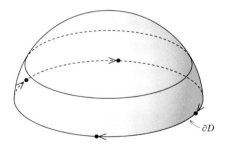

図 **9.6** 2 次元円板 D

円板の内部の点はすでに南半球の点と同一視されたと考えればよくて，あとは赤道上，つまり 2 次元円板 D の境界 ∂D 上の点がどのように同一視されるかをきちんと見れば，$\mathbb{R}P^2$ が出来上がります．境界 ∂D 上の点は円板の中心に関して対称な点と同一視するのがルールです．$\mathbb{R}P^2$ の構成をわかりやすくするために，図 9.7 のように円板 D に切れ目を入れて，3 つの部分に分けます．

120   第 9 章　多様体を視る！(その 3)

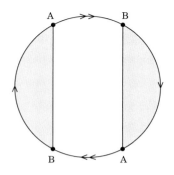

図 **9.7**　3 つに分かれた円板

　外側の 2 つは葉っぱを真ん中で分けたような形をしていますが，どちらか一方をひっくり返して，境界 ∂D だった部分を貼り合わせると 2 次元円板 D^2 ができます．問題は真ん中の帯状の部分で，境界 ∂D だった部分は 1 回捻って貼り合わせるとメビウスの帯 M^2 ができます．したがって，$\mathbb{R}P^2$ は 2 次元円板 D^2 とメビウスの帯 M^2 の境界の 1 つの円周部分で貼り合わせることにより構成できます．これを境界に沿って貼り合わせることを強調して，$\mathbb{R}P^2 = D^2 \cup_\partial M^2$ と書きます．$\mathbb{R}P^2$ は $\mathbb{R}^3$ の中では，どうしても自分自身と交わってしまうので，交わりを持たない像としては実現できません．

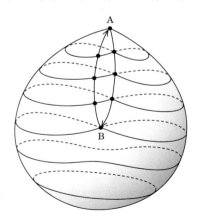

図 **9.8**　実射影平面の図

メビウスの帯を 2 枚用意して，境界の円周で貼り合わせてできる閉曲面 $M^2 \cup_\partial M^2$ が**クラインの壺** $\mathbb{R}P^2 \sharp \mathbb{R}P^2$ です．このシャープ記号 $\sharp$ は連結和とよばれる新しい多様体を構成する操作の 1 つです．後に連結和を用いて議論する箇所があるので，簡単に定義を述べておきます．M^n と N^n を n 次元多様体とします．それぞれから n 次元円板 D^n をくりぬいて穴をあけ，空いた穴の境界である $n-1$ 次元球面 S^{n-1} を同一視して，穴が塞がりできた新しい多様体を $M^n \sharp N^n$ と書いて，M^n と N^n の**連結和**といいます．

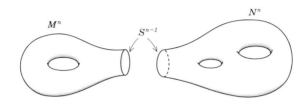

図 **9.9** 多様体の連結和

9.3 ホモロジー群と閉曲面の分類

ホモロジー群の定義には，単体と複体，さらには複体の間の鎖準同型写像の定義が必要になります．順を追って説明してゆきます．

$a_0, a_1, \ldots, a_m \in \mathbb{R}^N$ (N は十分大きい自然数) を一般の位置にある $m+1$ 個の点としします．一般の位置にあるとは，m 個のベクトル $\overrightarrow{a_0 a_1}, \overrightarrow{a_0 a_2}, \ldots, \overrightarrow{a_0 a_m}$ が $\mathbb{R}^N$ において一次独立であるときをいいます．**m 次元単体**を

$$\sigma^m = \left\{ \sum_{i=0}^m \lambda_i a_i \, ; \, \sum_{i=0}^m \lambda_i = 1, \, \lambda_i \geqq 0 \right\}$$

で定義します．各 a_i を**頂点**といい，頂点を明示したい場合には

$$\sigma^m = |a_0 a_1 \cdots a_m|$$

と書くことにします．

例えば，3 次元単体は

$$\sigma^3 = |a_0 a_1 a_2 a_3| = \left\{ \sum_{i=0}^3 \lambda_i a_i \, ; \, \sum_{i=0}^3 \lambda_i = 1, \, \lambda_i \geqq 0 \right\}$$

となります．σ^3 は 4 つの頂点 a_0, a_1, a_2, a_3 からできる四面体です．仮に，$\lambda_3 = 0$ とすると，2 次元単体 $|a_0 a_1 a_2|$ が得られます．同様に，$\lambda_k = 0$ ($k = 2, 1, 0$) とすると，それぞれ 3 つの 2 次元単体 $|a_0 a_1 a_3|$, $|a_0 a_2 a_3|$, $|a_1 a_2 a_3|$ が得られ，これら 4 つの三角形で囲まれた四面体が得られるわけです．図で書いておくと次のようになります：

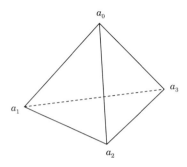

図 9.10 3 次元単体 σ^3 の図

4 次元以上の単体 $\sigma^m = |a_0 a_1 \cdots a_m|$ ($m \geq 4$) はもはや図は書けませんが，様子は同じです．1 次元低い $(m-1)$ 個の単体で囲まれた図形が σ^m で，あたかも見えるように代数的に扱います．m 次元単体 $\sigma^m = |a_0 a_1 \cdots a_m|$ の頂点の部分集合 $a_{i_0}, \ldots, a_{i_k}$ を頂点とする k 次元単体

$$\tau^k = |a_{i_0} a_{i_1} \cdots a_{i_k}|$$

を σ^m の **k 次元面**といい，$\tau^k \prec \sigma^m$ と書くことにします．

有限個の単体からなる集合 $K = \{\sigma, \tau, \ldots\}$ がつぎの 2 つの条件を満たすとき，K を **(単体的) 複体**といいます．

（1） $\tau \prec \sigma \Longrightarrow \tau \in K$

（2） $\sigma \cap \tau \neq \phi \Longrightarrow \sigma \cap \tau \prec \sigma, \tau$

複体 K の**次元**とは，K に含まれる単体の次元の最大値と定め，$\dim K \in \mathbb{N}$ と書きます．K が複体であるとき，

$$P = \bigcup_{\sigma \in K} \sigma$$

を**多面体**とよび，$P = |K|$ と書きます．また，K のことを多面体 P の**単体分割**または**三角形分割**といいます．例えば，問 9.2 にあるように $K(\partial \sigma^3)$ は

2 次元球面 S^2 の単体分割を与えます.

m 次元複体 K の k 次元面の個数を α_k とあらわすとき,

$$\chi(K) = \alpha_0 - \alpha_1 + \alpha_2 - \alpha_3 + \cdots + (-1)^m \alpha_m$$

という整数値を複体 K の**オイラー標数**といいます. この定義のポイントは交代和をとること, すなわち偶数次元の単体の個数はプラスと数えて, 奇数次元の単体の個数はマイナスと数えるところです. 単に加えるだけでは, 三角形分割を細かくしてゆけば和は増えるだけですが, 交代和をとるのが絶妙で, 三角形分割の仕方に依らない値が得られるのです ([9] 参照). すでに見てきたように, オイラー標数はさまざまな脈絡で特異点を解消するための障害として現れる位相不変量です.

頂点の順序 (向き) を考慮に入れた m 次元単体 σ^m を記号

$$\langle \sigma^m \rangle = \langle a_0 a_1 \cdots a_m \rangle \tag{2}$$

と書くことにし, **向きづけられた m 次元単体**といいます. また, $\langle \sigma^m \rangle$ の $(i+1)$ 番目の頂点を取り除いて得られる向きづけられた $(m-1)$ 次元単体 $\langle a_0 \cdots a_{i-1} a_{i+1} \cdots a_m \rangle$ を

$$\langle a_0 \cdots \hat{a}_i \cdots a_m \rangle$$

と書くことにします. これはすぐ後の境界準同型の定義のところで用います.

複体 K の各 q 次元単体 σ_i^q に対して, 1 つの向きを定め, これらの向きづけられた q 次元単体によって生成される自由加群を

$$C_q(K) = \left\{ \sum_{i=1}^{s} m_i \langle \sigma_i^q \rangle \, ; m_i \in \mathbb{Z} \right\}$$

とおいて, 複体 K の **q 次元鎖群**（さくん）といいます. ただし, ここで和 $\sum$ は**形式的な和**をとっています. この形式的な和は, 中学 3 年で習う無理数の計算 $a\sqrt{2} + b\sqrt{3}$ と考え方はまったく同じです.

便宜的に

$$C_q(K) = 0 \quad (q > \dim K), \quad C_{-1}(K) = 0$$

と定めておきます. ここで, 0 は単位元のみからなる自明群を表します.

準同型写像 $\partial_q : C_q(K) \to C_{q-1}(K)$ を, 各生成元 $\langle \sigma^q \rangle = \langle a_0 \cdots a_q \rangle$ に対

して

$$\partial_q(\langle \sigma^q \rangle) = \sum_{i=0}^{q} (-1)^i \langle a_0 \cdots \hat{a}_i \cdots a_q \rangle$$

と定義して，さらに形式的な和を保つように，任意の元 $z = a_1\sigma_1 + \cdots + a_k\sigma_k \in C_q(K)$ に対して，

$$\partial_q(z) = a_1\partial_q(\sigma_1) + \cdots + a_k\partial_q(\sigma_k)$$

とします．これらを複体 K の**境界準同型写像**といいます．

これにより，加群の準同型の系列

$$\cdots \to C_q(K) \xrightarrow{\partial_q} C_{q-1}(K) \xrightarrow{\partial_{q-1}} C_{q-2}(K) \to \cdots$$

が得られます．このとき，ホモロジー群を定義するために重要な役割を果たすのが次の事実です：

任意の q と $z \in C_q(K)$ に対して

$$\partial_{q-1} \circ \partial_q(z) = 0 \tag{3}$$

が成り立ちます．

等式 (3) は任意の $z \in C_q(K)$ に対するものですが，∂_q と ∂_{q-1} は準同型写像なので，生成元 $\langle \sigma^q \rangle = \langle a_0 \cdots a_q \rangle$ に対して，$\partial_{q-1} \circ \partial_q(\langle \sigma^q \rangle) = 0$ を確かめれば十分です．

問 9.4　$q = 3, 4$ のとき，

$$\partial_{q-1} \circ \partial_q(\langle \sigma^q \rangle) = 0$$

が成り立つことを確かめよ．　　　　　　　　　　　（10 分以内で初段）

さて，ここで $C_q(K)$ の重要な役割を果たす部分群を 2 つ定義します：

$$B_q(K) = \mathrm{Im}\,(\partial_{q+1}), \quad Z_q(K) = \mathrm{Ker}\,(\partial_q).$$

$B_q(K)$ を複体 K の **q 次元境界輪体群**，$Z_q(K)$ を複体 K の **q 次元輪体群**といいます．特に，$Z_q(K)$ の非自明な元を **q 次元サイクル**とよびます．

するとこのとき (3) を用いて，$B_q(K)$ が $Z_q(K)$ の部分群

$$B_q(K) \subset Z_q(K)$$

であることがわかります．なぜなら，任意の元 $z \in B_q(K)$ をとると，定義からある $y \in C_{q+1}(K)$ が存在して，$\partial_{q+1}(y) = z$ を満たします．このとき，(3) を用いて，

$$\partial_q(z) = \partial_q(\partial_{q+1}(y)) = \partial_q \circ \partial_{q+1}(y) = 0$$

を得るので，$z \in Z_q(K)$ がわかるからです．この包含関係がホモロジー群を定義するためのポイントになります．

そこで，複体 K に対して，剰余群

$$H_q(K) = Z_q(K)/B_q(K)$$

を K の **q 次元ホモロジー群**といいます．

ホモロジー群の重要な性質は，それが位相不変量であることです．すなわち，複体 K_1 と K_2 が同相ならば，任意の q に対して，$H_q(K_1) \cong H_q(K_2)$ が成り立ちます．対偶をとれば，ホモロジー群が異なれば同相ではないことになります．ホモロジー群が位相不変であることの証明には細かい準備が必要となるので，ここでは省略します．詳しい証明は [9] を参照してください．

さてここで，ホモロジー群の群として性質を振り返ることにしましょう．複体 K が与えられると，まず鎖群が定義されますが，これは単体の形式的な和により有限階数の自由加群になるのでした．群としては，$\mathbb{Z}$ の有限個の直和です．そこで鎖準同型写像を定めて，核と像を定めるのですが，これは自由加群の部分加群になります．ホモロジー群は，これらの部分加群の剰余群ですから，有限生成加群になります．アーベル (N. H. Abel) によって証明された「有限生成加群の基本定理」([9] 参照) から，複体 K に対して q 次元ホモロジー群は

$$H_q(K) \cong \mathbb{Z} \oplus \mathbb{Z} \oplus \cdots \oplus \mathbb{Z} \oplus \mathbb{Z}_{n_1} \oplus \cdots \oplus \mathbb{Z}_{n_k}$$

の形の群に同型になります．そこで，$\mathbb{Z}$ の直和の個数を **q 次元ベッチ数**とよび，$b_q(K)$ とかきます．$H_q(K)$ が位相不変量なので，ベッチ数も位相不変量になります．また，有限群 $\mathbb{Z}_{n_1} \oplus \cdots \oplus \mathbb{Z}_{n_k}$ の部分を**ねじれ部分群**とよびます．

次章でホモロジー群を簡単な場合に計算してみます．

126　第 9 章　多様体を視る！(その 3)

第10章 多様体を視る！（その4）

　前章までの内容の復習を兼ねた，比較的易しい演習問題を3題用意しましたので，まずは解いてみてください．

□**問題 10.1**　簡単な場合にホモロジー群を計算してみよう．三角形を複体 K とする．K の複体としての表示を求め，そのホモロジー群を計算せよ．ただし，頂点を a_0, a_1, a_2 とする．　　　　　　　　　　（20分以内で初段）

□**問題 10.2**　2次元球面 S^2 のホモロジー群を求めよ．S^2 は四面体の表面に同相だから（問 9.2 参照），

$$K = \{a_0, a_1, a_2, a_3, \langle a_0 a_1 \rangle, \langle a_1 a_2 \rangle, \langle a_2 a_0 \rangle, \langle a_2 a_3 \rangle,$$
$$\langle a_3 a_0 \rangle, \langle a_1 a_3 \rangle, \langle a_0 a_1 a_3 \rangle, \langle a_0 a_2 a_3 \rangle, \langle a_1 a_2 a_3 \rangle, \langle a_0 a_1 a_2 \rangle\}$$

と複体として表示できることを利用せよ．　　　　　　　　（30分以内で二段）

　次の問題は大学院入試で出題される典型的な問題です：

□**問題 10.3**　$\mathbb{C}P^2 = (\mathbb{C}^3 - \{(0,0,0)\})/\sim$ を複素射影平面とする．関数 $f: \mathbb{C}P^2 \to \mathbb{R}$ を $[z_0 : z_1 : z_2] \in \mathbb{C}P^2$ に対して

$$f([z_0 : z_1 : z_2]) = \frac{|z_0|^2 + 2|z_1|^2 + 3|z_2|^2}{|z_0|^2 + |z_1|^2 + |z_2|^2}$$

で定義する．f は well-defined であり，モース関数となること，さらに各特異点での指数を決定し，$\mathbb{C}P^2$ の各次元のベッチ数およびオイラー標数を求めよ．　　　　　　　　　　　　　　　　　　　　　　　（50分以内で三段）

128　第 10 章　多様体を視る！(その 4)

10.1　はじめに

　私の趣味は将棋を指すことです．特に詰め将棋が大好きで，解くことも作成することもどちらも好きです．詰め将棋はどこか数学の問題を解くことや，論文の想を練ることに似ています．詰め将棋を解くには，鉛筆もノートも必要ありません．頭の中に，$9 \times 9 = 81$ の盤の配置さえ描ければ何分でも考えることができます．人との待ち合わせのときや電車・バスなどの時間待ちのときには最適の頭の体操です．また，詰め将棋の作図において，自分の意図していた構図が実現できたときには格別の満足感に浸れます．数学の研究に疲れたときの息抜きには最高です．

　ところで，昨年は腎不全のため長らく入院し，時間を持てあましてしまうため，日本将棋連盟発行の平成 28 年 3 月号の『将棋世界』(税込 800 円で，『数学セミナー』よりも安い！) という月刊誌を完読しました．その中で，「2016 免状大感謝祭」という企画があり，久しぶりに時間ができたので応募することにしました．応募後まもなく認定問題 16 問が送られてきました．各問の持ち点が 100 点で，正解するとその持ち点が得られるしくみです．獲得合計点に応じて，初段から八段までが認定され，免状が申請できる資格が得られるというものです．早速時間を見つけては，16 問の解答を考え始め，2 週間ほどで取りあえず満足のいく解答が得られました．私の解答を送り，採点結果が届くまでの 1 週間ほどは期待に胸膨らませる時間となりました．16 問中 13 問の正解で「五段」が認定されたので，免状を申請 (有料です) することにしました．今回は特別企画なので，免状発行とともに，免状が入る立派な額縁もプレゼントされました．

　免状は，将棋連盟の会長 (当時は谷川浩司さん，私と 2 歳違いの 54 歳) と名人 (当時は羽生善治さん，46 歳) と竜王 (渡辺明さん，当時 32 歳) の署名が入る貴重なものです．老後はこの免状を頼りに，自宅で将棋教室でも開いて悠々自適な生活を送ろうかと思っています．たった一枚の免状とはいえ，とても励みになります．

　日本数学会でも類似の企画を立ち上げて，数学愛好家の普及活動に貢献してみてはいかがでしょうか．

10.2 ホモロジー群の幾何学的意味

前章のホモロジー群の話の続きです.

一般に, n 次元球面 S^n は $n+1$ 次元単体 σ^{n+1} の境界として現れますから, ホモロジー群の計算を地道にやっていけば求まって, $q = 0, n$ のとき, $H_q(S^n) \cong \mathbb{Z}$ であり,

$$H_q(S^n) = 0 \qquad (1 \leq q \leq n-1) \tag{1}$$

と求まるはずです. また, 単体分割の仕方から二項定理などを援用して, オイラー標数が $\chi(S^n) = 1 + (-1)^n$ と求まります. するとホモロジー群の計算結果 (1) から

$$\chi(S^n) = 1 + (-1)^n = \sum_{q=0}^{n} (-1)^q b_q(S^n)$$

が成り立つことも確かめられます. この等式は偶然成り立つのではなくて, 必然的に成り立つものであることが証明できて, 一般に n 次元複体 K に対して

$$\chi(K) = \sum_{q=0}^{n} (-1)^q b_q(K) \tag{2}$$

が成り立ちます. これは**オイラー-ポアンカレの公式**とよばれます ([10] 参照).

それでは, ホモロジー群が告げる位相的な性質あるいは幾何学的意味について議論しましょう. まずは最も易しい場合で, 0 次元ホモロジー群の意味です. 問いの形式にまとめたので, 問題を解きながらその意味を掴んでください.

問 10.1 複体 K について次の問いに答えよ.

(1) $H_0(K) = C_0(K)/B_0(K)$ であることを示せ. 多面体 $|K|$ が連結であるとき, K の任意の頂点を x, y とする. $|K|$ は連結なので, x と y を結ぶ 1 次元単体の列 $\langle xa_1 \rangle, \langle a_1 a_2 \rangle, \ldots, \langle a_n y \rangle$ が存在する. このとき, $[x] = [y] \in H_0(K)$ を示せ.

(2) $|K|$ が連結であるとき, 任意の $z \in C_0(K)$ に対して, $z = n_1 a_1 + \cdots + n_m a_m$ とおくとき, (1) を用いて

$$[z] = (n_1 + \cdots + n_m)[a_1]$$

であること, すなわち $H_0(K) \cong \mathbb{Z}$ であることを示せ.

(3) 逆に, $H_0(K) \cong \mathbb{Z}$ であるとき, 多面体 $|K|$ は連結であることを示せ.

この問いを解くことによって，多面体 $|K|$ が連結であるための必要十分条件が，$H_0(K) \cong \mathbb{Z}$ が成り立つこと，とわかります．

続いて，n 次元閉多様体 M^n の n 次元ホモロジー群 $H_n(M^n)$ について考察します．$M^n = |K|$ を連結な n 次元閉多様体 M^n の三角形分割とします．向きづけられた n 次元単体 $\sigma_1, \sigma_2 \in K$ に対して，σ_1 と σ_2 が $(n-1)$ 次元単体 τ を共有しており，

$$\tau \prec \sigma_1 \quad \text{かつ} \quad -\tau \prec \sigma_2$$

が成り立つとき，σ_1 と σ_2 は**同調している**といい，$\sigma_1 \sim \sigma_2$ と書きます．このとき，関係 $\sim$ は推移律を満たすとします．その意味は，$\sigma_1, \sigma_2 \in K$ に対して，共有する $(n-1)$ 次元単体 τ が存在しない場合は，それぞれに同調する $\sigma_1', \sigma_2' \in K$ が存在して，$\sigma_1' \sim \sigma_2'$ であるときに $\sigma_1 \sim \sigma_2$ と定めます．

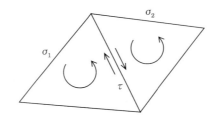

図 **10.1** 共通の辺単体 τ の向き

複体 K の任意の 2 つの向きづけられた n 次元単体が同調しているとき，M^n は**向きづけ可能な多様体**といいます．'多様体が向きづけ可能'という概念は，三角形分割の仕方に依らないことが知られています．この証明は紙数の関係で省略しますが，次の問題を解くことによって向きづけの感覚を掴んでください：

問 10.2 多様体の向きづけ可能性に関して，次の問いに答えよ．

(1) 1 次元球面 S^1，2 次元球面 S^2，アニュラス $S^1 \times [0,1]$ はそれぞれ向きづけ可能であることを示せ．

(2) メビウスの帯，実射影平面 $\mathbb{R}P^2$，クラインの壺はそれぞれ向きづけ不可能であることを示せ．

連結な n 次元閉多様体 M^n の三角形分割 $M^n = |K|$ に対して, 鎖群の境界準同型の列

$$0 \longrightarrow C_n(K) \xrightarrow{\partial_n} C_{n-1}(K)$$

において, 明らかに $B_n(K) = 0$ ですから, 定義から $H_n(K) = Z_n(K)$ です. M^n が向きづけ可能とすると, 任意の $(n-1)$ 次元単体 $\tau \in C_{n-1}(K)$ に対して, τ を辺単体にもつ向きづけられた n 次元単体 σ_1 と σ_2 が存在して, 例えば σ_1 の向きからは τ であり, σ_2 の向きからは $-\tau$ となるように共通の辺単体 τ に向きが定まっていると考えられます. すると, $\sigma_1, \sigma_2, \ldots, \sigma_k$ を $C_n(K)$ のすべての単体とするとき, $z = \sum \sigma_i$ に対して, $\partial_n(z) = 0$ が成り立つので, $z \in Z_n(K)$ がわかります. したがって, $Z_n(K) = \{mz; m \in \mathbb{Z}\} \cong \mathbb{Z}$ を得ますから, $H_n(K) \cong \mathbb{Z}$ が得られました. 逆に, $H_n(K) \cong \mathbb{Z}$ ならば, M^n が向きづけ可能であることもわかります.

定理 10.1 連結な n 次元閉多様体 M^n が向きづけ可能であるための必要十分条件は, $H_n(M^n) \cong \mathbb{Z}$ が成り立つことである.

十分であることを示すため, M^n の 1 つの単体分割を $M^n = |K|$ とします. $B_n(K) = 0$ なので, まずは $Z_n(K) \cong \mathbb{Z}$ または 0 であることを示しましょう. 任意の元 $c \in C_n(K)$ を

$$c = \lambda_1 \sigma_1 + \cdots + \lambda_r \sigma_r$$

とします. 単体分割 K のすべての $(n-1)$ 次元単体 τ_k たちに向きを決めておいて,

$$\partial_n(c) = n_1 \tau_1 + \cdots + n_s \tau_s$$

であるとします. τ_k を σ_i と σ_j の共通の辺単体とし, τ_k の向きが σ_i の向きから決まる (あるいは σ_j の向きから決まる) とき $\varepsilon = 1$(あるいは $\varepsilon' = 1$) と定め, そうでないとき $\varepsilon = -1$ (あるいは $\varepsilon' = -1$) と定めます. すると, $n_k = \varepsilon \lambda_i + \varepsilon' \lambda_j$ となります. そこで, $c \in Z_n(K)$ すなわち $\partial_n(c) = 0$ とします. このとき, $n_k = 0$ なので $|\lambda_i| = |\lambda_j|$ を得ますから, $\lambda := |\lambda_1| = \cdots = |\lambda_r|$ が得られます. $\lambda = 0$ ならば $c = 0$ すなわち $Z_k(K) = 0$ ですし, $\lambda \neq 0$ すなわち $c \neq 0$ ならば $Z_n(K) \cong \mathbb{Z}$ を得ます. さて, $Z_n(K) \cong \mathbb{Z}$ とすると, この生成元の一次結合のそれぞれの符号から各 n 次元単体の向きが

定まり，これが τ_k たちの向きと同調するので，M^n は向きづけ可能となります．これで定理は証明されました．

ホモロジー群の重要な性質は，それが位相不変量であることです．すなわち，多面体 $|K_1|$ と $|K_2|$ が同相ならば，任意の q に対して，$H_q(K_1) \cong H_q(K_2)$ が成り立ちます．（ただし，逆の主張は必ずしも成り立ちません．）

問 10.3 次の 2 つの複体 K_1, K_2 を考える：
$$K_1 = \{a_0, a_1, a_2, a_3,$$
$$\langle a_0 a_1 \rangle, \langle a_1 a_2 \rangle, \langle a_2 a_0 \rangle, \langle a_2 a_3 \rangle, \langle a_3 a_1 \rangle\},$$
$$K_2 = \{a_0, a_1, a_2, a_3, a_4,$$
$$\langle a_0 a_1 \rangle, \langle a_1 a_2 \rangle, \langle a_2 a_0 \rangle, \langle a_2 a_3 \rangle, \langle a_3 a_4 \rangle, \langle a_4 a_2 \rangle\}.$$

（1） 多面体 $|K_1|$ と $|K_2|$ を図示し，オイラー標数 $\chi(K_i)$ $(i = 1, 2)$ を求めよ．

（2） ホモロジー群 $H_0(K_i)$, $H_1(K_i)$ $(i = 1, 2)$ を計算せよ．

（3） ベッチ数 $b_0(K_i)$, $b_1(K_i)$ $(i = 1, 2)$ を求めよ．

（4） $|K_1|$ と $|K_2|$ は位相空間として互いに同相か否かを判定せよ．

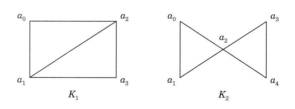

図 **10.2** 複体 K_1 と K_2

この節の結果より，多様体 M^n のより繊細な幾何学的構造は，$q = 1, \ldots, n-1$ の場合のホモロジー群 $H_q(M^n)$ の代数構造に反映されることがわかります．

ところで，$q = 1$ から $n-1$ までまったく異なる群が現れるかというとそうではなくて，このうちのおよそ半分がわかれば残りはわかるという事情があります．この事実はポアンカレが証明したことで，「ポアンカレ双対定理」

の名でよばれています．正確なポアンカレ双対定理を述べるには，さらにいろいろと準備が必要になるので，ここではその帰結のみを述べます：

ポアンカレ双対定理　M^n を向きづけ可能な n 次元閉多様体とする．このとき，任意の q に対してベッチ数に関して次の等式が成り立つ：
$$b_q(M^n) = b_{n-q}(M^n).$$

ポアンカレ双対定理が示唆する重要な結論を見てみます．例えば，M^3 を向きづけ可能な 3 次元閉多様体とします．3 次元では，いまだ同相による閉多様体の分類は完成していませんから，正体不明の M^3 もたくさんあるはずです．しかし，オイラー-ポアンカレの公式 (2) から，$\chi(M^3) = b_0 - b_1 + b_2 - b_3$ が成り立ちます．さらに，ポアンカレ双対定理から，$b_0 = b_3$, $b_1 = b_2$ が成り立ちますから，
$$\chi(M^3) = b_0 - b_1 + b_2 - b_3 = b_0 - b_1 + b_1 - b_0 = 0$$
を得ます．つまり，任意の向きづけ可能な 3 次元閉多様体のオイラー標数は，いつでも 0 なのです．この議論は，3 次元に限定した話ではなくて，向きづけ可能な奇数次元閉多様体に成り立つことであるのが容易にわかりますね．まとめておきましょう．

定理 10.2　任意の向きづけ可能な奇数次元閉多様体 M のオイラー標数は 0 である：$\chi(M) = 0$.

実をいうと，オイラー標数は向きづけには依存しない位相不変量なので，「向きづけ可能性」の仮定を落としても同じ結論が得られることが知られています．8.4 節でもすでに言及した通りです．

それでは，偶数次元の多様体についてはどうなのでしょうか．すでに見たように，球面のオイラー標数に関して，$\chi(S^{2m}) = 1 + (-1)^{2m} = 2 \neq 0$ ですから，一般に偶数次元ではオイラー標数が必ず 0 になるということはありません．では，偶数次元ではどうなっているのでしょうか．連結で向きづけ可能な 4 次元閉多様体について計算してみましょう．連結性と向きづけ可能

性から，$b_0 = b_4 = 1$ を得ます．オイラー-ポアンカレの公式とポアンカレ双対定理から，

$$\chi(M^4) = b_0 - b_1 + b_2 - b_3 + b_4$$
$$= 2 - b_1 + b_2 - b_1 = 2 - 2b_1 + b_2$$
$$\equiv b_2 \pmod 2$$

を得ます．したがって「4次元多様体のオイラー標数が偶数か奇数か」を決めるのは，最後の合同式から2次元ベッチ数 b_2 であることがわかります．つまり，次元のちょうど半分の次数のホモロジー群が重要な鍵を握っていることになります．特に2次元，閉曲面の場合はもっと顕著で，次元が半分のところ，すなわち1次元ホモロジー群の構造が閉曲面の同相分類を完全に決めてしまうという驚くべき事情があります．

ここで，閉曲面の分類定理について触れたいと思います．そのためにホモロジー群に関係する代数的な準備をしておきます．すでに定義したホモロジー群は正確に言うと，$\mathbb{Z}$ 係数のホモロジー群とよびます．単体に向きを入れて，鎖群の形式的な和を考えたとき，向きの考え方が生きてきて，プラスとマイナスが考えられて，係数を $\mathbb{Z}$ で考えることができたことによります．そこで，情報は大雑把になりますが，向きは入れずに単体 σ の単なる形式的な和を考えることも可能です．このとき，係数は $\mathbb{Z}_2 = \{0, 1\}$ で定まります．こうしてできるホモロジー群を $\mathbb{Z}_2$ 係数のホモロジー群とよび，$H_q(K; \mathbb{Z}_2)$ と書きます．

本節の残りでは，$\mathbb{Z}_2$ 係数のホモロジー群が主な舞台となるため，$\mathbb{Z}_2$ の簡単な性質をお復習いしておきます．実は，$\mathbb{Z}_2 = \{0, 1\}$ は群であるばかりでなく，体にもなります．つまり0で割ることを除いて加減乗除が自由にできる代数構造をもちます．

V を体 $\mathbb{Z}_2$ の r 個の直和からなるベクトル空間とします．つまり，$V \cong \underbrace{\mathbb{Z}_2 \oplus \mathbb{Z}_2 \oplus \cdots \oplus \mathbb{Z}_2}_{r}$ ですが，任意の元は $(a_1, a_2, \ldots, a_r) \in V$ と表せます．r を V の階数といいます．このとき，写像 $f : V \times V \to \mathbb{Z}_2$ が**内積**であるとは，次の (1)〜(3) の条件を満たすときと定めます．任意の $x, y, z \in V$ に対して

（ 1 ） $f(x,y) = f(y,x).$

（ 2 ） $f(x+y,z) = f(x,z) + f(y,z).$

（ 3 ） $f(x,y+z) = f(x,y) + f(x,z).$

対 (V,f) を**内積空間**とよび，2 つの内積空間 (V_1, f_1), (V_2, f_2) が同型であるとは，同型写像 $g : V_1 \to V_2$ が存在して，

$$f_1(x,y) = f_2(g(x), g(y)) \quad (\forall x,\ y \in V_1)$$

が成り立つときをいうことにします．

もし，V の階数が r ならば，V の生成元を $\alpha_1,\ \alpha_2, \ldots, \alpha_r$ とします．このとき，内積 f から決まる次の r 次正方行列を考えます：

$$A_f = \begin{pmatrix} f(\alpha_1, \alpha_1) & \cdots & f(\alpha_1, \alpha_r) \\ \vdots & \ddots & \vdots \\ f(\alpha_r, \alpha_1) & \cdots & f(\alpha_r, \alpha_r) \end{pmatrix}.$$

A_f が逆行列をもつ (当然，行列式 $|A_f| = 1$) とき，内積 f は**非退化である**といい，(V,f) を**非退化内積空間**とよびます．A_f を**交点行列**とよびますが，条件 (1) から A_f は対称行列になります．2 つの内積空間 (V_1, f_1), (V_2, f_2) が同型であるとき，$A_{f_1} \sim A_{f_2}$ と書きます．これで代数的な準備が整いました．

さて，F を閉曲面とし，$\mathbb{Z}_2$ 係数の 1 次元ホモロジー群 $H_1(F; \mathbb{Z}_2)$ を考えます．このとき，内積

$$f : H_1(F; \mathbb{Z}_2) \times H_1(F; \mathbb{Z}_2) \to \mathbb{Z}_2$$

を $f([x],[y]) = \sharp\{x \cap y\} \pmod 2$ と定めます．これは 1 次元サイクル $[x]$, $[y] \in H_1(F; \mathbb{Z}_2)$ が F の中で交わる交点の数の偶奇を表します．ただし，交わりが点にならない場合は少しずらして，交点は必ず (およそ) 直角に交わるようにホモロジー類の範囲で動かします．こうすると，代表元 x, y の取り方に依らずに $f([x],[y]) \in \mathbb{Z}_2$ が定まります．また，$f([x],[x])$ とは x を少しずらしたものと，元の x の交点の数の偶奇とします．実は，ポアンカレ双対定理から，内積 f は非退化であることがわかります．このとき，次のことが確かめられます：

F が向きづけ可能であるための必要十分条件は，任意の $[x] \in$

$H_1(F; \mathbb{Z}_2)$ に対して，$f([x], [x]) = 0$ が成り立つことである．

さあ，これで閉曲面の分類定理を代数的に表現する準備が整いました．

閉曲面の分類定理　2つの閉曲面 F_1, F_2 が与えられたとき，$F_1 \approx F_2$（同相）となるための必要十分条件は，2つの内積空間 $(H_1(F_1; \mathbb{Z}_2), f_1)$，$(H_1(F_2; \mathbb{Z}_2), f_2)$ が同型となること，すなわち $A_{f_1} \sim A_{f_2}$ である．

この主張は，同相による分類が非退化内積空間の代数的な分類と一致することを意味します．では実際に非退化内積空間を分類してみましょう．簡単のため，$V = H_1(F; \mathbb{Z}_2)$ とおきます．V の階数が 0 のときは，同型類は 1 つしかありません．$H_1(S^2; \mathbb{Z}_2) = 0$ ですから，$H_1(F; \mathbb{Z}_2) = 0$ となる F は S^2 のみであることがわかり，これは 2 次元ポアンカレ予想にほかなりません．V の階数が 1 のときは，$A_f = (1)$ だけなので，やはり同型類はただ 1 つです．$H_1(\mathbb{R}P^2; \mathbb{Z}_2) = \mathbb{Z}_2$ ですから，この場合は $F = \mathbb{R}P^2$ です．

V の階数が 2 の場合を考えます．交点行列は，一般に $A_f = \begin{pmatrix} a & b \\ b & c \end{pmatrix}$ となります．まずは，$b = 0$ のとき，$|A_f| = 1$ なので，$A_f = E = \begin{pmatrix} 1 & 0 \\ 0 & 1 \end{pmatrix}$（単位行列）でなければなりません．次に，$b = 1$ のときです．A_f は次のいずれかになります：

$$A_1 = \begin{pmatrix} 0 & 1 \\ 1 & 0 \end{pmatrix}, \quad A_2 = \begin{pmatrix} 0 & 1 \\ 1 & 1 \end{pmatrix}, \quad A_3 = \begin{pmatrix} 1 & 1 \\ 0 & 1 \end{pmatrix}$$

ここで，$A_2 \sim A_3$ です．というのは，A_2 の基底を α_1, α_2 とするとき，基底を入れ替える（α_2, α_1 とする）と，A_3 が得られるからです．つまり，同型写像 $g : V_2 \to V_3$ を表す行列が A_1 になっていて，$A_3 = A_1 A_2$ が成り立ちますから，$A_2 \sim A_3$ を得ます．以上により，E, A_1, A_2 が交点行列となりますが，実はさらに E と A_2 は内積空間の同型を与えます．A_2 の基底を α_1, α_2 とするとき，新しい基底 $\alpha_1 + \alpha_2$, α_2 を考えると，これが E の基底をなします．行列の積でいうと，$A_1 A_2 = E$ を満たします．結局，交点行列は A_1 と A_2 の 2 個の同型類からなることがわかりました．トーラス T^2 の内積空間は A_1 で表され，クラインの壺の内積空間は A_2 で表されることが図 10.3 からもわかると思います．

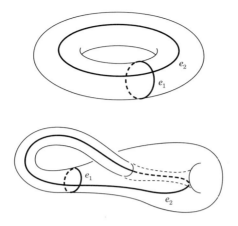

図 10.3 トーラスとクラインの壺の内積. e_1 と e_2 がそれぞれの基底になる.

V の階数が 3 の場合は，計算は初等的ですが場合分けが多く，計算が長くなるので省略しますが，階数 2 の場合と同じように交点行列を

$$A = \begin{pmatrix} a & b & c \\ b & d & e \\ c & e & f \end{pmatrix}$$

とおいて，分類してみてください．この場合はただ 1 つの同型類しか現れませんが，

$$\begin{pmatrix} 1 & 0 & 0 \\ 0 & 1 & 0 \\ 0 & 0 & 1 \end{pmatrix} \sim \begin{pmatrix} 1 & 0 & 0 \\ 0 & 0 & 1 \\ 0 & 1 & 0 \end{pmatrix} \sim \begin{pmatrix} 1 & 0 & 0 \\ 0 & 0 & 1 \\ 0 & 1 & 1 \end{pmatrix}$$

などが成り立つことに注意します．この行列の分類は，幾何学的な同相

$$\mathbb{R}P^2 \sharp \mathbb{R}P^2 \sharp \mathbb{R}P^2 \cong \mathbb{R}P^2 \sharp T^2$$

が得られることを教えてくれます．

V の階数が $r \geqq 4$ の場合の分類も，場合分けが煩雑になりますが，初等的な計算により，r の偶奇に応じて内積空間の同型類が 1 個または 2 個になることが確かめられます．

閉曲面 M^2 の同相分類がベクトル空間 $H_1(M^2; \mathbb{Z}_2)$ とその内積によって決まるというのは，幾何学的分類が代数的分類に帰着されるという意味を持ちます．この議論は，4 次元の場合にも同じように拡張されますが，4 次元

では代数の部分を精密化 (係数群を $\mathbb{Z}_2$ から $\mathbb{Z}$ に) する必要があります.

M^4 を単連結な 4 次元閉多様体とします. 単連結性, $\pi_1(M^4) = 1$, から M^4 が向きづけ可能であることに注意します. 以後, M^4 の向きを指定します. そこで, 加群 $V = H_2(M^4; \mathbb{Z})$ の上の内積 $f : V \times V \to \mathbb{Z}$ を定義します. ここで注意していただきたいのは, 単連結性から V は自由加群 (いくつかの $\mathbb{Z}$ の直和) になるので, ねじれ部分群は現れないことです. また, $f([x], [y]) \in \mathbb{Z}$ は 2 次元サイクル x, y の交点数を表します. ただし, 2 次元のときは単なる $x \cap y$ の交点の数でしたが, 4 次元の場合は $x \cap y$ の各交点での符号 (サイクルには任意に局所的向きを入れて, それらが M^4 の向きと一致するときは $+1$, 異なるときは -1) の総和を取ります. こうしてできた内積空間 (V, f) の同型は 2 次元の場合と同様に定義します. すると, 次の定理が成り立ちます:

> 単連結な 4 次元閉多様体 M_1 と M_2 が与えられたとき, $M_1 \approx M_2$ となるための必要十分条件は, 二つの内積空間 $(H_2(M_1; \mathbb{Z}), f_1)$ と $(H_2(M_2; \mathbb{Z}), f_2)$ が同型となることである.

このことの証明は, 2 次元の場合ほど簡明ではなくて, ホモトピー論による議論が必要となります. 詳しくは,

> J. Milnor and D. Husemoller, "Symmetric bilinear forms", Ergebnisse der Mathematik und ihrer Grenzgebiete, Band 73, 1973

の Chapter 5 の定理 5 をご覧ください. ただし, そこでの証明は「同相」ではなくて,「ホモトピー同値」ですが, フリードマンの定理から「同相」で成り立つことに注意します.

10.3 コホモロジー論の初歩

ホモロジー群の定義には, 図形の幾何学的要素が色濃く残っていました. これを純粋に代数的に扱う手法が「コホモロジー論」です. コホモロジー論では, あまり図を描くことはなくて形式的な計算が主となります. ホモロジー群の双対として, コホモロジー群が定義されます. コホモロジー群の元であるコホモロジー類, 中でも「特性類」とよばれるものがあって, その元が, 写像の正則点理論のところで扱ったベクトル束の構造を概ね決めることがわかります. 幾何学的結論を議論する過程で特性類の計算は重要な役割を

果たします．特性類の計算において，特に算術の部分を中心に議論していきます．その際に重要なのが二項係数の計算になりますので，ぜひ念頭に置いておいてください．

K を n 次元複体とし，その鎖群を $C_q(K)$ と書きました．そこで，$C_q(K)$ から $\mathbb{Z}$ への準同型写像全体は群になるので，$\mathrm{Hom}(C_q(K), \mathbb{Z})$ と書きます．これを単に，$C^q(K)$ と書いて，K の q 次元双対鎖群といいます．このとき，任意の q に対する鎖準同型 $\partial_q : C_q(K) \to C_{q-1}(K)$ を用いて，双対鎖準同型

$$\delta^q : C^q(K) \to C^{q+1}(K)$$

が次のように得られます．$\alpha_q \in C^q(K)$ に対して，$\alpha_q \circ \partial_{q+1}$ を対応させることにより，準同型写像 $\alpha_q \circ \partial_{q+1} : C_{q+1}(K) \to \mathbb{Z}$ が得られます．これを $\delta^q = \alpha_q \circ \partial_{q+1}$ とおきます．容易にわかるように，任意の q に対して，

$$\delta^q \circ \delta^{q+1} = 0 \tag{3}$$

が確かめられます．したがって，$Z^q(K) = \mathrm{Ker}\,(\delta^q)$, $B^q(K) = \mathrm{Im}\,(\delta^{q-1})$ により，それぞれ q 次元双対輪体群と q 次元双対境界輪体群を定義して，$B^q(K) \subset Z^q(K)$ であることが確かめられます．そこで，

$$H^q(K) = Z^q(K)/B^q(K) \tag{4}$$

と定義して，これを q 次元コホモロジー群とよびます．正確には，複体 K の各単体は向きづけられているので，$H^q(K; \mathbb{Z})$ と書いて，$\mathbb{Z}$ 係数の q 次元コホモロジー群といいます．

各単体の向きを無視して，すなわち上の話の $\mathbb{Z}$ を $\mathbb{Z}_2$ に置き換えて，$\mathbb{Z}_2$ 係数の q 次元コホモロジー群 $H^q(K; \mathbb{Z}_2)$ も定まります．

問 10.4　1 次元球面 S^1 に対して，

$$H^0(S^1; \mathbb{Z}_2) \cong \mathbb{Z}_2, \quad H^1(S^1; \mathbb{Z}_2) \cong \mathbb{Z}_2$$

となることを示せ．また，2 次元球面 S^2 に対して，その各次元の $\mathbb{Z}$ 係数コホモロジー群が

$$H^q(S^2; \mathbb{Z}) \cong \mathbb{Z} \qquad (q = 0, 2),$$

$$H^1(S^2; \mathbb{Z}) = 0$$

となることを示せ．　　　　　　　　　　　　　　　　　　　　　　（40 分以内で二段）

140　第 10 章　多様体を視る！(その 4)

さて，次の 4 つの公理を満たす $\mathbb{Z}_2$ 係数のコホモロジー類が存在します．
これが特性類の 1 つであるシュティーフェル-ホイットニー類です：

公理 1　k 次元ベクトル束 $\xi = (\pi : E \to B)$ が与えられたとき，$\mathbb{Z}_2$ 係数
のコホモロジー類の列

$$w_i(\xi) \in H^i(B; \mathbb{Z}_2) \quad (i = 0, 1, 2, \ldots)$$

が対応する．$w_i(\xi)$ を ξ の i 次シュティーフェル-ホイットニー類という．た
だし $w_0(\xi) = 1 \in H^0(B; \mathbb{Z}_2)$ であり，$w_i(\xi) = 0$ $(i > k)$ である．

公理 2　2 つのベクトル束 $\xi = (\pi_1 : E(\xi) \to B(\xi))$ と $\eta = (\pi_2 : E(\eta) \to B(\eta))$ が与えられており，微分可能写像 $\overline{f} : E(\xi) \to E(\eta)$ と $f : B(\xi) \to B(\eta)$ があって，$\overline{f} \circ \pi_2 = \pi_1 \circ f$ が成り立つとする．$\overline{f}$ のことを**束写像**とい
うが，このとき

$$w_i(\xi) = f^*(w_i(\eta)) \quad (i = 0, 1, 2, \ldots)$$

である．ただし $f^* : H^i(B(\eta); \mathbb{Z}_2) \to H^i(B(\xi); \mathbb{Z}_2)$ は f から誘導される準
同型写像を表す．

公理 3　2 つのベクトル束 $\xi = (\pi_1 : E(\xi) \to B)$ と $\eta = (\pi_2 : E(\eta) \to B)$
が与えられたとき，

$$w_n(\xi \oplus \eta) = \sum_{i=0}^{n} w_i(\xi) w_{n-i}(\eta) \quad (n = 0, 1, 2, \ldots)$$

が成り立つ．

公理 4　非自明な 1 次元ベクトル束 $\pi : M \to S^1$ を γ とするとき (M は
開メビウスの帯)，

$$w_1(\gamma) = \alpha \in H^1(S^1; \mathbb{Z}_2) \cong \mathbb{Z}_2$$

である．ただし，α は生成元を表す．

公理 2 の性質を特性類の自然性とよびます．公理 3 における $\oplus$ の記号は
説明が要ります．そのために，**引き戻し**という操作を説明します．多様体
N_1 とベクトル束 $\eta = (\pi_2 : M_2 \to N_2)$ が与えられたとき，もしも写像 g:

$N_1 \to N_2$ があれば,

$$M = \{(y_1, x_2) \in N_1 \times M_2; \ g(y_1) = \pi_2(x_2)\}$$

と定義すると,新しいベクトル束 $\pi : M \to N_1$ が構成できます.これを写像 g による引き戻しといって,$g^*\eta$ で表します.行き先が同じ空間である 2 つのベクトル束 $\xi = (\pi_1 : M_1 \to N)$, $\eta = (\pi_2 : M_2 \to N)$ が与えられたとき,単に直積をとったものを,$\xi \times \eta = (\pi_1 \times \pi_2 : M_1 \times M_2 \to N \times N)$ と書きます.このとき,対角写像 $\Delta : N \to N \times N$, $\Delta(y) = (y, y)$ による引き戻し $\Delta^*\xi \times \eta$ は ξ, η のファイバーの直和をファイバーとするベクトル束 $\pi : M \to N$ になります.これを ξ と η の**ホイットニー和**といい,$\xi \oplus \eta$ と表します.

(公理 1)~(公理 4) を満たすシュティーフェル-ホイットニー類が存在して,しかも一意的に定まることが,コホモロジー群の間の'スティーンロッド (Steenrod) の平方作用素'の存在からわかりますが,いろいろと準備が必要になるので,ここでは省略します.ただし,上の公理の中で,暗黙の裡に'積' が使われていますが,これはコホモロジー群において定義される「カップ積」であることに注意してください.例えば,$\alpha \in H^i(M^n; \mathbb{Z}_2)$, $\beta \in H^j(M^n; \mathbb{Z}_2)$ に対して,そのカップ積は

$$\alpha\beta = \Delta^*(\alpha \times \beta) \in H^{i+j}(M^n; \mathbb{Z}_2)$$

により定義されます.Δ^* は対角写像による誘導準同型です.詳しくは,[8] を参照してください.

k 次元ベクトル束 ξ に対して,各特性類の形式和でできるコホモロジー環の元を

$$w(\xi) = 1 + w_1(\xi) + w_2(\xi) + \cdots + w_k(\xi) + 0 + \cdots$$

で定義して,ξ の**全シュティーフェル-ホイットニー類**といいます.すると (公理3) は全シュティーフェル-ホイットニー類を用いて

$$w(\xi \oplus \eta) = w(\xi)w(\eta)$$
$$= 1 + (\xi_1 + \eta_1) + (\xi_1\eta_1 + \xi_2 + \eta_2) + \cdots$$

と表されます.ただし,$\xi_i = w_i(\xi)$, $\eta_i = w_i(\eta)$ と略記しました.

それでは次章でこの特性類の幾何学的な意味,さらには計算例などに触れたいと思います.ご期待ください.

第**11**章 はめ込みと埋め込み（その1）

11.1 はじめに

　もうかれこれ24年ほど前のことですが，住み慣れた東京の地を離れ，一家7人で勇躍，高知の地に赴きました．ちょうどこの頃，長女と二女 (双子の女の子です) は小学校入学を控えていました．高知はとても自然が豊かなところで，子育てには最適の地でした．私の職場の高知工業高等専門学校は空港近くに位置し，我が家族は隣接する公務員官舎に起居していました．車なら2分ほどで太平洋に出られ，官舎前の道を隔てて向いには高知大学農学部があり，キャンパス内を5分ほど進むと牛や馬がいる農場がありました．あるとき，娘たちの帰りが遅いので聞いてみると，その農場で牛の赤ちゃんの出産があり，その様子に見入っていたとのこと．出産の模様を興奮気味に話す娘たちの目は輝いていました．親が育てたというよりは，自然や豊かな環境が子育てをしてくれたという印象が残る4年間の高知滞在でした．

　官舎から地元の小学校までは片道約4kmほどで，子供の足では優に1時間以上かかる道程でした．娘たちは朝7時前に家を出て，夕方は5時過ぎに戻るのが日課でした．一方の私は徒歩で5分以内で自分の研究室に着ける快適な環境でした．長女と二女が，学校の作文の時間，お父さんについて書く課題の折に，「うちのパパはいつも家にいて働いていません」と正直に書いて担任の先生を困惑させたこともあります．私は職場が近いので，朝は9時頃に出勤，夕方は5時に帰宅，娘たちにはきっと働いていないように見えたのでしょう．

　ところでこの娘たち，なぜか遅刻の常習犯でした．寄り道をしなければ，8時前には学校に着くはずですが，彼女たちの登校ルートにはまず農学部

11.2 特性類の幾何学的意味 143

キャンパス内の木の実や果実がふんだんの農場があり，朝のデザート (誘惑？) には事欠きません．さらに途中の用水路にはたくさんの鯉や魚たちが泳いでいて，そこを通りすぎても，田んぼには季節によってオタマジャクシやらいろんな虫たちが彼女らを待ち構えています．ある日，10時半を過ぎても登校してこない娘たちを心配して，担任の先生が自転車で駆けつけると，ランドセルを放り出し，田んぼの中で泥まみれになってはしゃぐ娘たちを発見．「学校へ戻るから，先生の自転車の後をついてきなさい！」と叱られると，我が娘たちは「ウワーッ」と歓喜の声をあげて，どうやら先生が一緒に遊んでくれていると勘違い，夢中で自転車を追いかける始末，「遅刻について説教をするつもりでしたが，無邪気な様を見て，その気も失せてしまいました」との先生の弁．東京に住んでいたら味わえない体験で，まさに呵々大笑の思い出の1つです．

5人の娘たちの子育てでは，ここでは語りつくせないほどの波瀾万丈の日々を過ごしました．まさに生のままに，自由奔放に育てたというのが私の偽らざる感覚です．

11.2 特性類の幾何学的意味

本章では，前章で導入したシュティーフェル-ホイットニー類が，多様体のユークリッド空間へのはめ込み写像と埋め込み写像の存在にどのように反映されるか，その様子を調べる方法を解説したいと思います．

そこでまず本節では，特性類がもつ幾何学的な意味について触れておきます．これに関連して形式的逆元 (双対特性類) の定義を与えておきます．全シュティーフェル-ホイットニー類 $w(\xi)$ に対して，形式的に等式 $w(\xi)\overline{w}(\xi) = 1$ を満たす $\overline{w}(\xi) = 1 + \overline{w}_1(\xi) + \overline{w}_2(\xi) + \cdots$ を全**双対シュティーフェル-ホイットニー類**といい，$\overline{w}_i(\xi)$ を i 次**双対シュティーフェル-ホイットニー類**といいます．

ところで，M^n が n 次元多様体であるとき，その接ベクトル束 TM^n に対して，$w_i(TM^n) = w_i(M^n)$ と書いて，多様体 M^n の i 次シュティーフェル-ホイットニー類といいます．

さて，M^n を n 次元閉多様体とします．すでに確かめたように，M^n が向きづけ可能であるための必要十分条件は，$H_n(M^n; \mathbb{Z}) \cong \mathbb{Z}$ が成り立つこと

でした．これは特性類を用いても特徴づけられます：

> M^n が向きづけ可能であるための必要十分条件は，$w_1(M^n) = 0$ が
> 成り立つことである！

証明には，分裂原理などの新しい概念が必要となるので省略します．詳しくは [8] を参照してください．

このことから，例えば $H^1(M^n; \mathbb{Z}_2) = 0$ ならば，M^n は向きづけ可能であることが従います．コホモロジー群の定義から，

$$H^1(M^n; \mathbb{Z}_2) = \mathrm{Hom}(H_1(M^n; \mathbb{Z}_2), \mathbb{Z}_2)$$

なので，$H_1(M^n; \mathbb{Z}_2) = 0$ ならば，M^n は向きづけ可能であることが従います[1]．つまり，$\mathbb{Z}$ 係数のホモロジー群を求めなくても，$\mathbb{Z}_2$ 係数のホモロジー群から多様体の向きづけ可能性がわかる場合があるということです．

多様体の向きづけ可能性の次に大事な概念で，多様体が '**スピン構造をもつ**' というものがあります．スピンの名に相応しい由緒正しい定義があるのですが，特性類を用いても同値な定義が与えられるので，それを紹介します．M^n が向きづけ可能であるとします．このときさらに，$w_2(M^n) = 0$ が成り立つとき，M^n を**スピン多様体**といい，M^n は**スピン構造をもつ** ともいいます．2 次元と 3 次元閉多様体では，向きづけ可能ならば自動的にスピン構造をもちます．スピンというのは，理論物理学では不可欠の概念で，空間がスピン構造をもつという仮定は物理ではいつでも要請されます．逆にいうとスピン構造を持たない多様体は，物理学の対象にはならないとも言えます ([13] 参照).

向きづけ不可能な多様体は，当然スピン構造を持ち得ません．例えば偶数次元の実射影空間 $\mathbb{R}P^{2m}$ は後で触れるように向きづけ不可能ゆえにスピン構造を持ち得ません．また，複素射影平面 $\mathbb{C}P^2$ は ($H^1(\mathbb{C}P^2; \mathbb{Z}_2) = 0$ より) 向きづけ可能ですが，スピン構造を持ちません．これは

$$w_2(\mathbb{C}P^2) = \alpha \in H^2(\mathbb{C}P^2; \mathbb{Z}_2) \cong \mathbb{Z}_2 \qquad (\alpha : \text{生成元})$$

だからです．

M^n を n 次元閉多様体とするとき，2 次シュティーフェル-ホイットニー

---

1) ただし，逆は成り立ちません．$\mathbb{R}P^3$ は向きづけ可能ですが，$H_1(\mathbb{R}P^3; \mathbb{Z}_2) \cong \mathbb{Z}_2$ です．

類は, 任意の元 $x \in H^2(M^n; \mathbb{Z}_2)$ に対して, カップ積による等式

$$w_2(M^n) \cdot x = x \cdot x \in H^4(M^n; \mathbb{Z}_2)$$

で特徴づけられることが知られています ([8] の Wu 類の定義等を参照). ですから, 例えば $n = 4$ のとき, ある元 $\alpha \in H^2(M^4; \mathbb{Z}_2)$ が存在して, $\alpha \cdot \alpha = 1 \in H^4(M^4; \mathbb{Z}_2) \cong \mathbb{Z}_2$ を満たせば, $w_2(M^4) \neq 0$ なので M^4 はスピン多様体にはなりえません. 上で述べた $M^4 = \mathbb{C}P^2$ の場合, $\mathbb{C}P^1 \subset \mathbb{C}P^2$ で $[\mathbb{C}P^1]_2^*$ は $H^2(\mathbb{C}P^2; \mathbb{Z}_2) \cong \mathbb{Z}_2$ の生成元に一致するので ($[X]_2^*$ は X の mod 2 ホモロジー類のポアンカレ双対を表す), これより複素射影平面 $\mathbb{C}P^2$ はスピン構造を持ちえないことが再びわかります. 一般に, n 次元複素射影空間 $\mathbb{C}P^n$ がスピン構造をもつのは, n が奇数のときに限ります.

四元数射影空間 $\mathbb{H}P^n$ 上で, 関数 $f : \mathbb{H}P^n \to \mathbb{R}$ を

$$f([h_0 : h_1 : \cdots : h_n]) = \frac{|h_0|^2 + 2|h_1|^2 + \cdots + (n-1)|h_n|^2}{|h_0|^2 + |h_1|^2 + \cdots + |h_n|^2}$$

と定義すると, これはモース関数で指数が $0, 4, 8, \ldots, 4n$ の特異点が 1 個ずつ現れることがわかります. モース不等式から $0 = c_2(f) \geqq b_2(\mathbb{H}P^n)$ を得るので ($c_k(f)$ は指数 k の特異点の個数), $w_2(\mathbb{H}P^2) \in H^2(\mathbb{H}P^n; \mathbb{Z}_2) = 0$ から, 四元数射影空間 $\mathbb{H}P^n$ はいつでもスピン構造をもつことがわかります.

> **問 11.1** 上で定義した四元数射影空間 $\mathbb{H}P^n$ 上の関数 f がモース関数であることを確かめ, その特異点における指数を求め, オイラー標数 $\chi(\mathbb{H}P^n)$ を求めよ. (1 時間以内で六段)

ここまでの内容を用いることにより, 楽しみながら解ける大学院入試問題レベルの問題 7 題を提示します. じっくり考えて, 解いてみてください.

□**問題 11.1** ベクトル束 ξ が自明ならば, $w(\xi) = 1$ が成り立つことを示せ. (10 分以内で三段)

□**問題 11.2** 2 つのベクトル束 ξ^k と η^l が与えられたとする. $k = l$, $B(\xi) = B(\eta)$ のとき, 束写像 $f : E(\xi) \to E(\eta)$ が存在するならば, ベクトル束 ξ^k と η^l は**同型**であるといい, $\xi^k \cong \eta^l$ と書く. もしも $\xi \cong \eta$ ならば,

146　第 11 章　はめ込みと埋め込み (その 1)

$$w_i(\xi) = w_i(\eta) \quad (i = 0, 1, 2, \ldots)$$

が成り立つことを示せ.　　　　　　　　　　　　　　(15 分以内で三段)

□**問題 11.3**　n 次元ベクトル束 ξ が非特異な切断をもてば, $w_n(\xi) = 0$ が成り立つことを示せ.　　　　　　　　　　　　　(30 分以内で四段)

□**問題 11.4**　3 次元実射影空間 $\mathbb{R}P^3$ は向きづけ可能であり, さらに平行化可能であることを示せ.　　　　　　　　　　　(1 時間以内で四段)

□**問題 11.5**　複素射影平面 $\mathbb{C}P^2$ は向きづけ可能であり, さらに平行化可能ではないことを示せ.　　　　　　　　　　(1 時間以内で四段)

□**問題 11.6**　5 次元実射影空間 $\mathbb{R}P^5$ は向きづけ可能であることを示せ. さらに平行化可能であるか否かを考察せよ.　　　　　(1 時間以内で五段)

□**問題 11.7**　四元数射影空間 $\mathbb{H}P^n$ は平行化可能ではないが, 向きづけ可能であることを示せ.　　　　　　　　　　　(1 時間以内で六段)

11.3　特性類の原理

　トム (R. Thom) の数学は実に自由奔放で, 厳密に数学の理論を築き上げるというよりは, まずは大雑把なプログラムがあって, 数学というよりは哲学を推し進めるという観があります. トムの「コボルディズム理論」と直後の「写像の特異点理論」の仕事は, 切り離して論じられることが多いですが, 横断性とジェット横断性はトムの中では当然密接に繋がっていて, 特性類の理論の用い方をみると「コボルディズム理論」と「写像の特異点理論」はトムにとっては一体化した理論構成であると受け取れます. 本節ではその見方に則って, 微分可能写像の正則点理論と特異点理論の特性類との関わりについて, 大まかに解説したいと思います.

　前章で導入した特性類には, 多様体の幾何学的な構造が顕著に現れることが理解されたことでしょう. その利点はカップ積とよばれる積構造が自然にあることと, その計算があたかも普通の算数のごとくにできることにありま

しょう．ある次元の特性類が消えることが，多様体に良好な幾何構造が存在することとして特徴づけられることも見ました．しかし，特性類の幾何学的明快さのゆえに，一般にその計算は案外難しいものとなります．本節では，具体的に多様体が与えられたときに非自明な特性類の構造を決定するのが目標となります．それでは，どんな場合が基本となり，どんな多様体に対して特性類を求めればよいのでしょうか．その答えは，実はベクトル束の分類理論の中に見出すことができます．

まずはベクトル束の分類理論を簡単に復習しましょう．その萌芽は，19世紀のガウスの曲面論の中に見出すことができます．ガウスは任意の閉曲面 F^2 を調べるために，はめ込み写像 $g : F^2 \to \mathbb{R}^3$ を選んで，任意の点 $x \in F^2$ における接ベクトル v_x のはめ込み写像 g による像 $\overline{v}_x \in T\mathbb{R}^3_{g(x)} \cong \mathbb{R}^3$ を考えました．はめ込み写像 g には特異点はないので，$\overline{v}_x \neq \mathbf{0}$ を満たします．そこで，写像 $\overline{g} : F^2 \to S^2$ を

$$\overline{g}(x) = \frac{\overline{v}_x}{|\overline{v}_x|}$$

で定義します．これを**ガウス写像**とよびます．

$$|\overline{g}(x)| = \left| \frac{\overline{v}_x}{|\overline{v}_x|} \right| = \frac{|\overline{v}_x|}{|\overline{v}_x|} = 1$$

なので，たしかに単位球面 S^2 への写像として定まっています．ガウスはこの写像 $\overline{g}$ を頼りに，F^2 にリーマン計量を定めて，その曲率や写像度を定義して，今日**ガウス-ボンネの定理**の名で呼ばれる公式を証明しました．ここで，S^2 を向きづけられた $(2,1)$ 型の実グラスマン多様体 $\tilde{G}_1(\mathbb{R}^3)$（第8章の多様体の例を参照）と考えてください．これがガウスの曲面論です．

ベクトル束の分類理論を構築するには，この枠組みを一般化すればよいわけです．そこで基本となるベクトル束を定義しておきます．$G_k(\mathbb{R}^{n+k})$ を (n,k) 型の実グラスマン多様体とします．このとき，ベクトル束 $\gamma_{n,k} = (\pi : E \to G_k(\mathbb{R}^{n+k}))$ を次のように定義します．

$$E = \{(L, v);\ L \in G_k(\mathbb{R}^{n+k}),\ v \in \mathbb{R}^{n+k},\ v \in L\}$$

と定め，E には $E \subset G_k(\mathbb{R}^{n+k}) \times \mathbb{R}^{n+k}$ による相対位相を入れて，射影（沈めこみ写像）π を $\pi(L, v) = L$ によって定義すると，$\pi^{-1}(L)$ が $\mathbb{R}^k$ に線形同型になるので，$\gamma_{n,k}$ は k 次元ベクトル束となります．これを**標準ベクトル**

148   第 11 章   はめ込みと埋め込み (その 1)

束といいます.

$k > n$ とすればホイットニーのはめ込み・埋め込み定理より, はめ込み写像 $g : M^n \to \mathbb{R}^{n+k}$ が存在するので, 接ベクトル束 TM^n の点 $x \in M^n$ における接空間 $TM^n_x \cong \mathbb{R}^n$ は $\mathbb{R}^{n+k}$ の原点を通る n 次元平面 L と見なせます. よって, $x \in M^n$ に対して, $L \in G_n(\mathbb{R}^{n+k})$ を対応させる写像を $\overline{g} : M^n \to G_n(\mathbb{R}^{n+k})$ とするとき, これを**ガウス写像**といいます. $v \in TM^n_x$ に平行なベクトルを $\overline{v} \in \mathbb{R}^{n+k}$ とすると, 写像 $h : TM^n \to E$ を $h(x, v) = (\overline{g}(x), \overline{v})$ によって定義すれば, h による引き戻し $h^* \gamma_{n,k}$ が接ベクトル束 TM^n に一致します.

ここまでの議論のまとめと, これからの話の展開について簡単に触れておきましょう. 我々の目標は, 多様体 M の構造を写像の正則点理論によって明らかにすることでした. 接ベクトル束 TM を考えて, 接空間というベクトル空間を M 全体で動かして, その動く様をあたかも線形代数のように用いて M を調べようというのが接ベクトル束の理論, すなわち M への沈めこみ写像の理論です. 接ベクトル束を通して多様体を調べるという方法は, 多様体の繊細な構造こそ失われてしまいますが, その骨格にあたる部分は色濃く残っていて, 多様体の構造を知る足場を与えています. それがまさに特性類の理論で, 我々は $\mathbb{Z}_2$ 係数の特性類であるシュティーフェル-ホイットニー類を得ました. 多様体の繊細な構造には至りませんが, おおまかな特徴,「向きづけ可能性」や「スピン構造」が特性類によって特徴づけされることを見ました. また, すぐ上で見たように接ベクトル束は, ガウス写像による標準ベクトル束の引き戻しにほかなりませんでした. そこで, 多様体 M そのものの分類は取りあえず置いておいて, ベクトル束の分類を目指すとすると, ガウス写像の何がベクトル束を完全に決めるのかを明らかにするのが当座の目標となります. ガウス写像を調べること, グラスマン多様体の構造を知ることは, 特性類の原理を明らかにする上で欠かせない事柄になります.

さて, こうして見ると, 我々の方針も自ずと明らかになってきますね. ちょっと欲張って, もう少し繊細な多様体の構造を知りたいと思えば, 理論の枠組みを精密化すればよいわけです. 特性類の原理からすると, $\mathbb{Z}_2$ 係数の特性類ではなくて $\mathbb{Z}$ 係数の特性類が得られたら, 多様体のより詳しい構造

を知るための足がかりとなるのは必然です．それがポントリャーギン類であり，複素ベクトル束に対して定義されるチャーン類とよばれる特性類です．ポントリャーギン類とチャーン類はシュティーフェル-ホイットニー類と同様な公理によって特徴づけられますが，繰り返しになるので定義は省略します．詳しくは [8] を参照してください．ベクトル束 $\xi = (\pi : E \to M^n)$ に対して i 次ポントリャーギン類 $p_i(\xi) \in H^{4i}(M^n; \mathbb{Z})$ が，複素ベクトル束 $\zeta = (\pi : E \to M^n)$ に対して i 次チャーン類 $c_i(\zeta) \in H^{2i}(M^n; \mathbb{Z})$ が定義されます．

シュティーフェル-ホイットニー類，ポントリャーギン類によって定まる**特性数**は，多様体のコボルディズム分類を決める**完全不変量**になります．これは接ベクトル束の理論，すなわち多様体 M への「沈めこみ写像の理論 (写像の正則点理論)」の大変満足のいく結果の 1 つとなります．ではもっと欲張って，さらに繊細な多様体の構造を知りたいと思えば，沈めこみ写像ではなくて，写像に必然的に特異点が現れる場合の考察が重要です．ですから，さらなる目標は「写像の特異点論」の枠組みにおいて特性類の理論を展開すること，となりましょう．写像の特異点論の歴史でも見たように，トムはその足がかりとして，1950 年代半ばに「特異点のトム多項式」を得るに至りました．繰り返しになりますが，写像の正則点理論における特性類の概念を写像の特異点論における特性類の概念に拡張すれば，自然に特異点のトム多項式となります．では，特異点のトム多項式の多様体論における役割はどう理解すればよいのでしょうか？ これ以上の話は入門編の枠組みを越えてしまうので，ここで打ち切ることにします．

11.4 特性類の計算

特性類の存在意義が掴めたところで，本節では具体的に与えられた多様体に対して，シュティーフェル-ホイットニー類の決定を実行しましょう．最初に，球面 S^n と実射影空間 $\mathbb{R}P^n$ のシュティーフェル-ホイットニー類を求めてみましょう．そのために，球面の接ベクトル束 TS^n を書き下しておくと便利です：

$$TS^n = \{(\boldsymbol{x}, \boldsymbol{v}) \in \mathbb{R}^{n+1} \times \mathbb{R}^{n+1};\ |\boldsymbol{x}| = 1,\ \langle \boldsymbol{x}, \boldsymbol{v} \rangle = 0\}.$$

明らかに，$\boldsymbol{x} \in S^n$ であり，$\boldsymbol{v}$ は接ベクトルを表します．ここで内積 $\langle\,,\,\rangle$ は $\mathbb{R}^{n+1}$ で考えています．このとき，

$$E = \{(\boldsymbol{x}, k\boldsymbol{x}) \in S^n \times \mathbb{R}^{n+1};\ k \in \mathbb{R}\}$$

を考えると，$\langle \boldsymbol{x}, \boldsymbol{v} \rangle = 0$ なので，$\langle k\boldsymbol{x}, \boldsymbol{v} \rangle = 0$ ですから，$k\boldsymbol{x}$ は法線方向のベクトル (図 11.1 参照) になります．

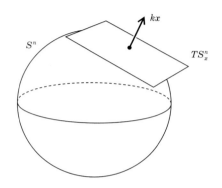

図 11.1 法線ベクトル

明らかに，$E = S^n \times \mathbb{R}$ なので，これは自明なベクトル束 ε です．自然な埋め込み写像 $f: S^n \to \mathbb{R}^{n+1}$ を考えると，f による引き戻し $f^* T\mathbb{R}^{n+1}$ は，$T\mathbb{R}^{n+1}$ が自明なベクトル束なので，同様に自明なベクトル束になります．したがって，埋め込み写像 f からベクトル束の同型

$$TS^n \oplus E = TS^n \oplus \varepsilon \cong f^* T\mathbb{R}^{n+1}$$

を得ます．すると，問題 11.1 を繰り返し用いて，$w(S^n) = w(TS^n) = 1$ を得ます．したがって，$w_i(S^n) = 0\ (i \geqq 1)$ が得られました．

さて，$\boldsymbol{x} \in S^n$ と $-\boldsymbol{x} \in S^n$ とを同一視することによって $[\boldsymbol{x}] \in \mathbb{R}P^n$ が得られます．よって，$\boldsymbol{v} \sim -\boldsymbol{v}$ と同一視して得られるベクトルを同値類と考えて，$[\boldsymbol{v}] \in \mathbb{R}^{n+1}/\sim =: V \cong \mathbb{R}^n$ とすると，実射影空間 $\mathbb{R}P^n$ の接ベクトル束が

$$T\mathbb{R}P^n = \{([\boldsymbol{x}], [\boldsymbol{v}]) \in \mathbb{R}P^n \times V;\ \langle \boldsymbol{x}, \boldsymbol{v} \rangle = 0\}$$

と表されます．ここで，標準ベクトル束 $\gamma_{n,k}$ の定義を思い出しましょう．ただし，いまの議論では実射影空間へのベクトル束を考えているので，1次元ベクトル束 $\gamma_{n,1} = (\pi : E(\gamma_{n,1}) \to \mathbb{R}P^n)$ を考えます．$n = 1$ のとき，公理 4 (前章参照) より $w(\gamma_{1,1}) = 1 + \alpha$ ($\alpha \in H^1(\mathbb{R}P^1; \mathbb{Z}_2) \cong \mathbb{Z}_2$) を得ます ($\alpha$ は生成元)．したがって，帰納的に任意の n に対して $w(\gamma_{n,1}) = 1 + \alpha$ ($\alpha \in H^1(\mathbb{R}P^n; \mathbb{Z}_2) \cong \mathbb{Z}_2$ はやはり生成元) が成り立ちます．特に，$\gamma_{n,1}$ は非自明なベクトル束です．上で考えた自然な埋め込み写像 $f : S^n \to \mathbb{R}^{n+1}$ とその法線方向，および $T\mathbb{R}P^n$ の表示を合わせて考えると，$(n+1)$ 個のホイットニー和 $\underbrace{\gamma_{n,1} \oplus \cdots \oplus \gamma_{n,1}}_{n+1}$ のファイバーは，$\mathbb{R}P^n$ の接空間と法線ベクトル (E のファイバー) との直和になっていることから，同型

$$T\mathbb{R}P^n \oplus E \cong \underbrace{\gamma_{n,1} \oplus \cdots \oplus \gamma_{n,1}}_{n+1} \tag{$*$}$$

を得ます．上で見たように，E は自明なので公理 3 を適用して

$$\begin{aligned} w(\mathbb{R}P^n) &= w(T\mathbb{R}P^n \oplus E) \\ &= w(\underbrace{\gamma_{n,1} \oplus \cdots \oplus \gamma_{n,1}}_{n+1}) = \{w(\gamma_{n,1})\}^{n+1} = (1 + \alpha)^{n+1} \end{aligned}$$

となります．すなわち，二項定理より

$$w_i(\mathbb{R}P^n) = \binom{n+1}{i} \alpha^i \qquad (i = 1, 2, \ldots)$$

を得ました．この計算結果から，例えば

$$w_1(\mathbb{R}P^n) = \begin{cases} 0 & (n = 2m - 1) \\ \alpha & (n = 2m) \end{cases}$$

を得るので，"実射影空間 $\mathbb{R}P^n$ が向きづけ可能であるための必要十分条件は n が奇数であること" となります．さらに，"実射影空間 $\mathbb{R}P^n$ がスピン構造をもつための必要十分条件は $n = 4m + 3$ であること" となります．

11.5 はめ込み写像の法束

次の図をご覧ください:

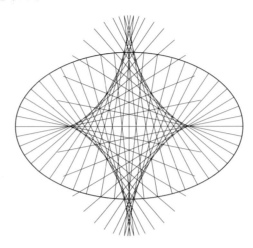

図 **11.2** 楕円の法線たち

楕円の法線族の包絡線の図ですが，特異点である尖点が 4 つ現れているのが見て取れます．浮かび上がる曲線はもとの楕円の縮閉線とよばれます．このように，法線が定義できる図形の法線族には，もとの図形の幾何学が十分に反映されています．そこで，本節では法線が定義できるはめ込み写像の法線族である法束について議論します．

M^n が $\mathbb{R}^{n+k}$ にはめ込み可能であるとします．するとはめ込み写像 $f : M^n \to \mathbb{R}^{n+k}$ が存在して，はめ込みの定義から任意の $x \in M^n$ に対して写像の微分 df_x は単射ですから，

$$N(f) = \{(x, \boldsymbol{n}) \in M^n \times \mathbb{R}^{n+k}; \langle \boldsymbol{v}_x, \boldsymbol{n} \rangle = 0\}$$

という空間が定義されます．ここで，$\boldsymbol{v}_x$ は接ベクトル $\boldsymbol{v} \in TM_x^n$ の微分 df_x による像で，$\boldsymbol{v}_x \in T\mathbb{R}_{f(x)}^{n+k} \cong M^n \times \mathbb{R}^{n+k}$ です．$\boldsymbol{n}$ ははめ込みの法ベクトル (normal vector) とよばれ，内積 $\langle \boldsymbol{v}_x, \boldsymbol{n} \rangle$ は $\mathbb{R}^{n+k}$ におけるものです．このとき，$\pi : N(f) \to M^n$, $\pi(x, \boldsymbol{n}) = x$ は明らかに沈めこみ写像で，$f^{-1}(x) \cong \mathbb{R}^k$ ですから，$\nu_f = (\pi : N(f) \to M^n)$ は k 次元ベクトル束になります．ν_f

のことをはめ込み写像 f の**法束**といいます. ベクトル束の同型で書くと,

$$TM^n \oplus \nu_f \cong f^*T\mathbb{R}^{n+k}$$

となりますので, (公理 3) と問題 11.1 から, 等式

$$w(\nu_f) = \overline{w}(M^n) = 1 + \nu_1 + \cdots + \nu_k$$

を得ます. ここで, $\nu_i = \overline{w}_i(M^n) \in H^i(M^n; \mathbb{Z}_2)$ の意味です. したがって, 特に M^n が $\mathbb{R}^{n+k}$ にはめ込み可能であるならば, $\overline{w}_i(M^n) = 0 \ (i > k)$ でなければならないことになります.

前節の結果を具体的に見てみましょう.

$$w(\mathbb{R}P^2) = (1+\alpha)^3 = 1 + \alpha + \alpha^2$$

ですから,

$$\begin{aligned}
\overline{w}(\mathbb{R}P^2) &= (1 + \alpha + \alpha^2)^{-1} \\
&= 1 + (\alpha + \alpha^2) + (\alpha + \alpha^2)^2 = 1 + \alpha
\end{aligned}$$

を得ますので, $w_1(\nu_f) = \overline{w}_1(\mathbb{R}P^2) = \alpha$ となります.

一般に, $n = 2^r$ のとき,

$$\begin{aligned}
w(\mathbb{R}P^n) &= (1+\alpha)^{2^r+1} = (1+\alpha^{2^r})(1+\alpha) \\
&= 1 + \alpha + \alpha^{2^r}
\end{aligned}$$

ですから,

$$\begin{aligned}
\overline{w}(\mathbb{R}P^{2^r}) &= (1 + \alpha + \alpha^{2^r})^{-1} \\
&= 1 + \alpha + \alpha^2 + \cdots + \alpha^{2^r-1}
\end{aligned}$$

を得ますので, 特に $\overline{w}_{2^r-1}(\mathbb{R}P^n) \neq 0$ です. したがって, $n = 2^r$ のとき, $\mathbb{R}P^n$ は $\mathbb{R}^{2n-2}$ にはめ込み不可能であることになります. 第 5 章で紹介したホイットニーのはめ込みの存在定理から, 任意の M^n は $\mathbb{R}^{2n-1}$ にはめ込み可能ですから, $n = 2^r$ のときこれ以上行き先の次元を下げることはできない!, すなわち「はめ込みの存在定理」の次元は最良であることになります.

写像の特異点論の観点から言うと, 任意の微分可能写像 $f : \mathbb{R}P^n \to \mathbb{R}^{2n-2}$ には, $n = 2^r$ のとき必ず特異点が現れることになります. $r \geqq 2$ のときジェネリックな f のホイットニー傘特異点 (あるいは $r = 1$ のときはカ

154 第 11 章 はめ込みと埋め込み (その 1)

スプ特異点) のトム多項式が $\overline{w}_{2^r-1}(\mathbb{R}P^n) \neq 0$ である，ということです．

n が奇数の場合に計算してみましょう．例えば，$n = 9$ のとき

$$w(\mathbb{R}P^9) = (1 + \alpha)^{10} = 1 + \alpha^2 + \alpha^8$$

ですから，

$$\begin{aligned}
\overline{w}(\mathbb{R}P^9) &= (1 + \alpha^2 + \alpha^8)^{-1} \\
&= 1 + \alpha^2 + \alpha^4 + \alpha^6
\end{aligned}$$

を得ますので，特に $\overline{w}_6(\mathbb{R}P^9) = \alpha^6 \neq 0$ です．したがって，ホイットニーのはめ込み存在定理から，$\mathbb{R}P^9$ は $\mathbb{R}^{18}$ にはめ込み可能で，上で行った双対シュティーフェル-ホイットニー類の計算から $\mathbb{R}^{14}$ にははめ込み不可能になります．実際に $\mathbb{R}^{17}$, $\mathbb{R}^{16}$, $\mathbb{R}^{15}$ のいずれの次元まではめ込みの次元を下げることが可能かどうかについては，この特性類の計算からは何もわかりません．

問 11.2　$n = 2^r + 1$ のとき，全シュティーフェル-ホイットニー類 $w(\mathbb{R}P^{2^r+1})$ を求め，双対シュティーフェル-ホイットニー類の計算から，$\mathbb{R}^{2n-1}$, $\mathbb{R}^{2n-2}$, $\mathbb{R}^{2n-3}$ のいずれかの次元にはめ込み可能であることを確かめよ．同様の計算を $n = 2^r + 2, 2^r + 3$ のときに実行せよ．

(15 分以内で初段)

こうした問題は，ホモトピー論に属する研究により，少なからず計算結果が得られていて，『岩波数学辞典』(岩波書店，第 4 版) の付録の 1706 ページに「射影空間の埋め込みとはめ込み」という表がまとめられています．それによると $n = 2^r + 1$ のとき，$\mathbb{R}P^n$ は $\mathbb{R}^{2n-3}$ にはめ込み可能であるようです．よって $\mathbb{R}P^9$ は $\mathbb{R}^{15}$ にはめ込み可能です．さらに，はめ込みの最低次元に関して，$n = 2^r + 2$ のとき $\mathbb{R}P^n$ は $\mathbb{R}^{2n-4}$ に，$n = 2^r + 3$ のとき $\mathbb{R}P^n$ は $\mathbb{R}^{2n-6}$ にはめ込み可能であることがすでに証明されているようです．

この表によると，$n \leqq 11$ のときに $\mathbb{R}P^n$ のはめ込みの最低次元が決定されています．しかし，$\mathbb{R}P^{12}$ については $\mathbb{R}^{17}$, $\mathbb{R}^{18}$, $\mathbb{R}^{19}$ のいずれかの次元まではめ込みの次元を下げられるかどうかは未解決のようです．表には，さらに「埋め込みの最低次元」と「複素射影空間 $\mathbb{C}P^n$ について」の同様の最低次元

についての結果がまとめられています．不思議なことに，$\mathbb{C}P^3$(6 次元のスピン閉多様体です) は $\mathbb{R}^8$ または $\mathbb{R}^9$ にはめ込み可能であることがわかっているようですが，どちらが最低次元かは未解決のようです．

問 11.3 実グラスマン多様体 $G_n(\mathbb{R}^{n+k})$ の接ベクトル束 τ について，同型

$$\tau \oplus \varepsilon^{n+k} \cong \gamma_{n,k} \oplus \cdots \oplus \gamma_{n,k}$$

が成り立つことを示し，そのシュティーフェル-ホイットニー類を決定せよ．

(2 時間以内で六段)

　この問題は少し難しいので，時間をかけてゆっくり考えてみてください．上の同型は実射影空間の接ベクトル束の同型 (∗) の一般化になっている[2]ことに注意してください．接ベクトル束の決定は，[8] の問題 5-B そのもののですから，わからない場合は，この本の 323 ページの解答をぜひご覧ください．さらにこの問題が解けたら，グラスマン多様体からユークリッド空間へのはめ込み写像の (非) 存在に関する考察も深めてみてください．

---

2) $k = 1$ とすると (∗) が得られます．

第12章 はめ込みと埋め込み（その2）

12.1 はじめに

　高知県での子育ての思い出の続編です．毎年夏になると，太平洋側から日本に上陸する台風は，沖縄から九州あるいは高知を直撃します．我が家があった官舎の裏手には，北から南へ太平洋に注ぎ込む物部川があり，台風が近づくと太平洋側からの南風が「ゴオー」というすごい音をたてて北上してきます．地元の方によると，これが台風到来のサインだそうで，1週間ほどすると決まって台風が直撃します．

　自然の偉大な力を体験させることも親の大事な役目と考え，台風が直撃する寸前になると我が家から数分の海岸線に，怖がらない娘たちを連れて台風の様子を決まって見に行きました．周りを見回しても台風の見学は我が家の車が1台のみでした．海岸線は荒れ狂う波と吹き付ける暴風で，車から出ると互いの会話は聞き取りが不可能なほどで，大抵は5分ほどの滞在で帰宅の途についたものでした．娘たちの反応はさまざまで，「パパこわーい」と言って私の腕にしがみつく子もいれば，無言で荒れた波をじっと見つめる子もいました．地元の方によると，「ときどきすごい台風がくると，好奇心で浜に見に行く輩がいるが，しばしば波に浚われて行方不明になる厄介者が出現する」のだそうで，我が家が高知に滞在した四年間は幸い中程度の台風の到来だった，という幸運(？)を後に知りました．大阪へ移った年の夏に，ヘビー級の台風が高知を通過しました．そのため，高知高専のキャンパス内と官舎の敷地内が50 cm以上完全に冠水したという知らせを，かつての官舎のご近所さんから教えられました．また過量の雨量のため仁淀川が氾濫し，かつての教え子の実家が流される被害にあったという報告も受けました．自

然の猛威というのは人間の知恵では計り知れないものなのだということを実感させられました.

さて,それから約10年後になりますが,(高知の海岸で荒波を無言で見つめていた)三女がハワイの大学に留学しました.ホノルルからは車で1時間ほど奥へ入ったライエという町の海岸沿いにある大学です.その夏に,ハワイでは当たり前のことかもしれませんが,ハリケーンが到来しました.ハリケーンというのは最大風速が毎秒33m以上のものをいい,最大風速の取り幅に従い,カテゴリー1から5までがあり,カテゴリー3以上は大型ハリケーンと呼ばれます.我が家の三女ですが,何を思ったか「海岸に行って,自然の猛威を観察してくる」と言って,止める友人の言葉に耳を貸さずに海岸へ向かってしまったとのこと,しかしハリケーンのあまりの凄さ凄まじさに恐怖を覚え,すぐに引き返してきたという報告をあとでメールで受けました.このときのハリケーンは日本にもニュースとして伝わってきましたが,カテゴリー3の大型ハリケーンだったようです.私はこのメールを読んで,思わず拳を額に当ててしばし黙想してしまいました.幼い娘たちを高知の海岸で台風見学に連れ出した無謀な親だったんだなと,非常な後悔に苛まれました.

ふと思い出したことがあります.近くのお寺の入り口に日替わりで教訓となる言葉が掲載されているのですが,ある日の言葉が次のようなものでした:「子は親の言うようには行わず,親がするように行うものである」.私にとっては大切な教訓です.

12.2 ジェネリック写像の特異性解消化

閉曲面の2次元多様体としての分類はすでに19世紀のうちに完成していました.向きづけ可能性と種数の値によって完全に分類できます.それでは閉曲面については何でも分かっているかというと,まったくそうではなくて,簡単そうに見える閉曲面上の写像の振る舞いでさえ,調べると面白い問題はまだまだ残っています.本節では閉曲面の幾何学の豊かさを示す例として,特異点をもつ写像を特異点をもたない写像に持ち上げる問題を解説します.

F^2 を任意の閉曲面とし,$f: F^2 \to \mathbb{R}^2$ をジェネリックな写像とします.f には必ず安定特異点(折り目またはカスプ)が現れました.第6章のホイッ

158 第 12 章 はめ込みと埋め込み (その 2)

トニーの平面写像の特徴づけを思い出してください. ところで, 任意の閉曲面は $\mathbb{R}^3$ にはめ込み可能です. そこで, 与えられた平面写像 f を $\mathbb{R}^3$ のはめ込み写像に持ち上げることを考えてみます. すなわち行き先のユークリッド空間の次元を 1 次元上げることによって, 特異点を解消することを考えるのです.

ホイットニーは, はめ込み・埋め込み定理の行き先のユークリッド空間の次元を '1 次元下げる研究' をしましたが, ヘフリガー (A. Haefliger) はジェネリックな写像の行き先を '1 次元上げる研究' をしました. 1960 年に出版された論文で, ヘフリガーは次のことを示しました (ヘフリガーの写像の持ち上げ特異点解消定理):

定理 12.1 任意の閉曲面 F^2 に対して, $f : F^2 \to \mathbb{R}^2$ をジェネリックな写像とするとき, 射影 $\pi : \mathbb{R}^3 \to \mathbb{R}^2$ が存在して, $\pi \circ g = f$ を満たすはめ込み写像 $g : F^2 \to \mathbb{R}^3$ が存在するための必要十分条件は, f の折り目特異点集合がなす各曲線 C 上で, カスプ特異点の個数が偶数か奇数かに依って, (偶数ならば) C の近傍がアニュラスとなるか, (奇数ならば) メビウスの帯となることである.

一目素朴な話ですが, 数学的センスの良い仕事だなと感じます. ジェネリックな写像 $f : F^2 \to \mathbb{R}^2$ には必ず特異点が現れます. すでにホイットニーの平面写像のところで解説したように, 安定特異点は折り目とカスプの 2 種類です. 一方, 任意の閉曲面は $\mathbb{R}^3$ へはめ込み可能なので, ジェネリック写像の定義域の次元を 1 次元上げることにより特異点を消せるかどうかというのが問題意識です. そのようなはめ込み写像への持ち上げを '写像の特異点解消化' (desingularization) といいます. この定理の鑑賞の仕方には, いくつかの注意点があります. f の特異点集合がなす曲線は, 一般に連結とは限りません. ですからカスプ特異点の個数は, おのおのの曲線 C 上でのみ数えてください. また, C の '近傍' の意味ですが, ジェネリック写像の特異点ではヤコビ行列の階数が 1 なので, 制限写像 $f|_{C-\{カスプ\}}$ ははめ込み写像になっています. したがって, その法束はアニュラスかメビウスの帯に微分同相になります. カスプが曲線上に乗っているときの近傍の様子は, 局所的に

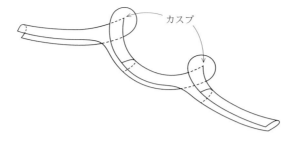

図 **12.1** カスプの近傍

となっています．例えば，ボーイ曲面において円板を取り除いて得られる，メビウスの帯の埋め込みの様子は

図 **12.2** メビウスの帯上のカスプ

となっていて，曲線 C 上にカスプが 3 個現れている図が見てとれるでしょう．この図自体も持ち上げの一部分の例になっています．

　ヘフリガーの定理の証明にはそれほど難しい議論は要らず，3 章分の紙数があれば解説できます．しかし，証明だけに 3 章を割くわけにはいきませんから，省略させていただきます．興味をもたれた読者は，次の「曲面から平面への微分可能写像についての注意」という題名の論文を参照してください：

> A. Haefliger, *Quelques remarques sur les applications différentiable d'une surface dans le plan*, Ann. Inst. Fourier **10** (1960), 47–60.

そこで，ここではもう少し定理の内容と応用などを鑑賞することにしましょう．

定理によると，向きづけ可能な閉曲面上の平面写像はいつでもはめ込みに持ち上げ可能かというと，そうではありません．では，はめ込み写像に持ち上がらない平面写像の例はどんなものがあるでしょうか．次のものはヘフリガーが上記論文で与えた例ですが，球面上の平面写像の図です：

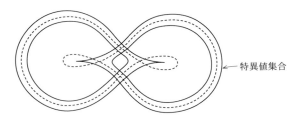

図 **12.3** 球面上の平面写像

図 12.3 では特異値集合の曲線が 4 つあって，そのうち 2 つの上にカスプが 1 個ずつ乗っていて，近傍はどちらもアニュラスに同相です．図の破線は，カスプを含む特異点集合の管状近傍の境界の像を表します．

もう一つ，クラインの壺 $\mathbb{R}P^2 \sharp \mathbb{R}P^2 = \{(\alpha, \beta); \alpha \in S^1, \beta \in [0, 2\pi]\}/\sim$ (ただし，$(\alpha, 0) \sim (-\alpha, 2\pi)$ と同一視) 上の平面写像の例を紹介します．$f: \mathbb{R}P^2 \sharp \mathbb{R}P^2 \to \mathbb{R}^2$, $f(\alpha, \beta) = (\cos\alpha + 2, \beta)$ と定義すると，その像は図 12.4 のようになります：

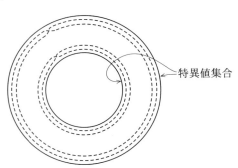

図 **12.4** クラインの壺上の平面写像

図 12.4 をよく見ると特異値集合 (太線) の曲線は 2 つあって，各曲線上にカスプはありません．それぞれの近傍はメビウスの帯に同相なので，持ち上げの存在の必要十分条件は満たされているので，このクラインの壺上の平面写像は $\mathbb{R}^3$ へのはめ込み写像への持ち上げをもつことになります．$\mathbb{R}^3$ へのはめ込み写像の持ち上げをもたないものの平面像には必ずカスプがあって，次の図のように必ずホイットニー傘特異点が現れることになります．この図は定理 12.1 の証明の概要をかなりの部分で説明しています．

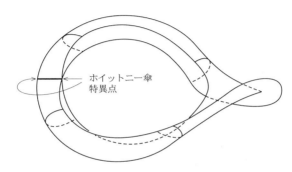

図 **12.5** 持ち上げをもたない例

閉曲面上のジェネリックな平面写像には，一般に折り目とカスプが現れます．折り目は一次元の部分多様体として，カスプは折り目に隣接して離散点として現れます．できれば，このカスプをできるだけ消去したいと考えるのは自然な発想です．次の図 12.6 はカスプを対でキャンセルする簡明な方法を表しています：

ところでヘフリガーの定理の応用や拡張にはさまざまな方向が考えられます．応用の一つに，平面写像のカスプ特異点の最少解消定理があります．これは問題にしましょう (図 12.6 は参考になると思われます)：

問 12.1　F^2 を任意の閉曲面とし，$f: F^2 \to \mathbb{R}^2$ をジェネリックな写像とする．F^2 のオイラー標数を $\chi = \chi(F^2)$ で表す．このとき，写像 f を変形して，χ が偶数ならばカスプをもたない写像 $g: F^2 \to \mathbb{R}^2$ が得られ，χ が奇数ならばカスプをただ 1 つもつ写像 $g: F^2 \to \mathbb{R}^2$ が得られることを示せ．　　　　　　　　　　　　　　　(30 分以内で三段)

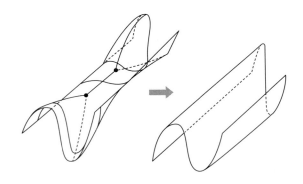

図 12.6　カスプの消去

　原理的には，閉曲面上のジェネリックな平面写像の場合とほとんど同じ方法論で，任意の n 次元閉多様体 M^n から $\mathbb{R}^2$ へのジェネリックな写像に対して，カスプ特異点の最少解消定理が得られます．詳細に触れましょう．ジェネリックな写像 $f: M^n \to \mathbb{R}^2$ が与えられると，f には一般に折り目とカスプが特異点として現れます．折り目特異点の局所的対応は

$$(x_1, \ldots, x_n) \mapsto (x_1, \pm x_2^2 \pm \cdots \pm x_n^2)$$

となり，カスプ特異点の局所的な対応は

$$(x_1, \ldots, x_n) \mapsto (x_1, x_2^3 - x_1 x_3 \pm x_4^2 \pm \cdots \pm x_n^2)$$

となります．簡単な計算から，折り目特異点集合は M^n の一次元の部分多様体で，カスプは離散点として現れることがわかります．このとき，すでに紹介したトムの定理 (カスプ特異点のトム多項式の結果) から，写像 f のカスプ特異点集合を $C(f)$ とかくとき，

$$\chi(M^n) \equiv \sharp C(f) \pmod{2}$$

が成り立ちます．

　1965 年にレヴィン (H. Levine) という特異点研究者 (Singularitist) は，論文

>　H. Levine, *Elimination of cusps*, Topology **3** suppl. 2(1965), 263–296

において，オイラー標数 $\chi(M^n)$ が奇数ならば，カスプ特異点をただ一つも

つ写像 $g : M^n \to \mathbb{R}^2$ が存在し，偶数ならば折り目特異点のみをもつ写像 $g :$ $M^n \to \mathbb{R}^2$ が存在する，ということを証明しました．その証明には，特異点の内在的微分という概念が用いられ，結構込み入った議論が必要となりますので，残念ながらここではその解説は省略させていただきます．

このレヴィンによるカスプ解消定理は約 50 年前に証明されたものですが，21 世紀に入り，安藤良文氏により折り目写像 (特異点として折り目しか持たない写像) の存在の必要十分条件が与えられ，それが非特異 (安定) ベクトル場の存在という形で簡略化されました．折り目写像の存在と多様体上の非特異ベクトル場の存在を結びつける内容で，大変興味深いと思われます．

12.3　4 次元多様体上のジェネリック写像

前章で議論したことの繰り返しですが，4 次元実射影空間 $\mathbb{R}P^4$ の全シュティーフェル-ホイットニー類は

$$w(\mathbb{R}P^4) = (1 + \alpha)^5 = 1 + \alpha + \alpha^4$$

でした．これより，双対シュティーフェル-ホイットニー類は

$$\overline{w}(\mathbb{R}P^4) = 1 + \alpha + \alpha^2 + \alpha^3$$

となります．このことから，はめ込み写像 $f : \mathbb{R}P^4 \to \mathbb{R}^6$ が存在すると仮定すると，その法束 ν は明らかに 2 次元ベクトル束ですが，

$$w(\nu) = \overline{w}(\mathbb{R}P^4) = 1 + \alpha + \alpha^2 + \alpha^3$$

より，$w_3(\nu) = \alpha^3 \neq 0$ という矛盾が生じます．すなわち，写像 f ははめ込み写像にはなり得なくて，写像の微分の階数が 4 より小さい点，すなわち特異点が必ず生じることになります．つまり，$f : \mathbb{R}P^4 \to \mathbb{R}^6$ をジェネリックな写像とすると，

$$S(f) = \{x \in \mathbb{R}P^4; \ \mathrm{rank}\, df_x < 4\}$$

とおくとき，$S(f) \neq \emptyset$ であることがわかります．

さてここで，多様体論の基本事項について復習しておきましょう．$M(p, n; \mathbb{R})$ で p 行 n 列の実行列全体の集合を表すとします．このとき，$0 \leqq k \leqq \min(p, n)$ に対して，その部分集合

$$S_k = \{A \in M(p, n; \mathbb{R}); \ \mathrm{rank}\,(A) = k\}$$

を考えます．簡単な計算から，S_k は $M(p, n; \mathbb{R}) = \mathbb{R}^{np}$ の余次元 $(n-k)(p-k)$ の部分多様体であることが従います．この設定は，すぐ上で論じたジェネリック写像の場合にそのまま適用できます．M^4 を任意の 4 次元閉多様体とし，その上のジェネリックな写像 $f : M^4 \to \mathbb{R}^6$ と $0 \leqq k \leqq 4$ に対して，

$$S_k(f) = \{x \in M^4 ; \operatorname{rank} df_x = k\}$$

とおくとき，$S_k(f)$ は M^4 の余次元 $(4-k)(6-k)$ の部分多様体となります．このとき，写像 f の特異点集合 $S(f)$ は，$S(f) = S_3(f) \cup S_2(f) \cup S_1(f) \cup S_0(f)$ と分解されます．

例えば $k = 3$ では，$S_3(f)$ は余次元 $(4-3)(6-3) = 3$ の部分多様体ですから，M^4 の 1 次元部分多様体になります．さらに，$k = 2$ とすると，$S_2(f)$ は余次元 $(4-2)(6-2) = 8$ の部分多様体ですから，後の章で詳しく説明するジェット横断性定理から，$S_2(f) = \emptyset$ として差し支えないことがわかります．$k = 1, 0$ の場合も同様にして空集合と見なされます．したがって，$S(f) = S_3(f) = S^1 \cup \cdots \cup S^1$ であることがわかります．このとき，その $\mathbb{Z}_2$ ホモロジー類 $[S(f)]_2 \in H_1(M^4; \mathbb{Z}_2)$ のポアンカレ双対を考えると

$$[S(f)]_2^* \in H^3(M^4; \mathbb{Z}_2)$$

であることになります．これがいわゆるこの設定での特異点集合のトム多項式になります．この場合のトム多項式の計算は，トム自身が論文

　　　R. Thom, *Les singularités des applications différentiables*, Ann. Inst. Fourier **6**(1955-56), 43–87

の中で与えていて，それによると

$$[S(f)]_2^* = \overline{w}_3(M^4)$$

です．したがって特に，$M^4 = \mathbb{R}P^4$ の場合は，$[S(f)]_2^* = \alpha^3 \in H^3(\mathbb{R}P^4; \mathbb{Z}_2) \cong \mathbb{Z}_2$ であり，はめ込み写像が存在しないのは，特異点集合のトム多項式が消えないことの帰結であると考えることもできます．これをホモトピー論的に述べると，トム多項式は特異点を消去するための第一障害類である，と言えます．

ここで，さらに大切な注意を与えておきます．$\mathbb{R}P^4$ は $w_1(\mathbb{R}P^4) = \alpha \neq 0$ なので，向きづけ不可能な 4 次元多様体でした．では，M^4 が向きづけ

可能な場合はどうかということを考えてみます．すなわち，M^4 を向きづ
け可能とするとき，はめ込み写像 $f : M^4 \to \mathbb{R}^6$ が存在するための条件を
考えてみます．はめ込み写像 f が存在するとき，その法束を ν とすれば，
$TM^4 \oplus \nu \cong f^* T\mathbb{R}^6$ は自明なベクトル束で，M^4 が向きづけ可能であること
から，ν も向きづけ可能な 2 次元ベクトル束であることがわかります．この
ν は自明束になるとは限らず，その同型類はオイラー類 $e(\nu) \in H^2(M^4; \mathbb{Z})$
によって決まります．もちろん，$e(\nu) = 0$ ならば，ν は自明束になります．
（なお，オイラー類の定義については，[8] を参照してください．）ここで，
$w_2(\nu) \equiv e(\nu) \pmod 2$ が成り立つことに注意してください．さて，仮想的
2 次元ベクトル束 ν が存在して，$TM^4 \oplus \nu$ が自明となるには，あるコホモ
ロジー類 $z \in H^2(M^4; \mathbb{Z})$ が存在して，$z = e(\nu) \equiv w_2(\nu)$ であり，オイラー
類の性質から

$$z^2 = \{e(\nu)\}^2 = p_1(\nu) = -p_1(M^4) \qquad \text{（1 次ポントリャーギン類）}$$

を満たします．このとき，法束が ν となるはめ込み写像 $f : M^4 \to \mathbb{R}^6$ が存
在することが，次節で述べるはめ込み写像のホモトピー原理から従います．
さらに付け加えれば，この場合はジェネリック写像 $f : M^4 \to \mathbb{R}^6$ の特異点
集合のトム多項式は 3 次の双対シュティーフェル-ホイットニー類ですが，
それ以外に 2 次と 4 次の特性類がはめ込み写像の存在の障害となっている，
つまりトム多項式以外の障害が存在することを示唆しています．

12.4 はめ込み写像の究極予想

前章では，特性類の計算から $n = 2^r$ ならばホイットニーのはめ込み存在
定理「n 次元閉多様体は $\mathbb{R}^{2n-1}$ にはめ込み可能」が最良の評価を与えている
ことをみました．また，$n \neq 2^r$ のときは改良の余地があることも見ました．
では $n \neq 2^r$ のときにはめ込み存在定理がどのように改善されるかを問うの
は大変重要な問題です．1959 年のマッセイによる実射影空間の直積空間の
特性類の計算に基づいて，1964 年にブラウン (E. H. Brown) とピーターソ
ン (F. Peterson) は究極の予想を提出しました：

　　　　任意の n 次元閉多様体 M^n は $\mathbb{R}^{2n-\alpha(n)}$ へはめ込み可能であろう！
ここで，$\alpha(n)$ は自然数 n を 2 進展開したときの 1 の個数を表します．例え
ば，$n = 2^r$ のときは 2 進展開は $n = 10 \cdots 0_{(2)}$ ですから，$\alpha(2^r) = 1$ でたし

166　第 12 章　はめ込みと埋め込み (その 2)

かにホイットニーのはめ込み存在定理と一致します. さらに, $n = 2^r + 1$ の
ときは 2 進展開は $n = 10 \cdots 01_{(2)}$ なので, $\alpha(2^r + 1) = 2$ ですから, $\mathbb{R}^{2n-2}$
にはめ込み可能となります. しかし, すでで計算したように, 実射影空間に
ついてはこの場合もう 1 次元下げることが可能でした. (前章の問 11.2 と直
後の解説を参照.)

このはめ込み写像の究極予想は 1985 年に高度のホモトピー論を駆使し
て, なんと 92 ページの論文により, コーエン (R. Cohen) が肯定的に解決
しました. 正直に言うと, この論文はホモトピー論の部分が難解で, 私は
10 ページぐらい読み進んだところで挫折してしまいました. 証明の道筋は
大変明快なのですが, 難しい部分を乗り越えるときに見えなくなってしまう
のです. ここでは明快な部分のみを解説いたします.

はめ込み写像 $f : M^n \to \mathbb{R}^{n+k}$ が存在すると, その法束 ν_f があって, ホ
イットニー和 $TM^n \oplus \nu_f$ は自明なベクトル束となりました. この逆が成り
立つか否かを考察するのは自然な問題です. すなわち,

　　　ある仮想的な k 次元ベクトル束 ν が存在して, $TM^n \oplus \nu$ が自明な
　　　らば, はめ込み写像 $f : M^n \to \mathbb{R}^{n+k}$ が存在するか?

この問いに完全な解答を与えるのが, スメール-ハーシュのはめ込み写
像のホモトピー原理で, その答えは "Yes, you can!" です[1]. もともとのス
メール-ハーシュの定理はホモトピー論的に記述する ([6] の第 8 章への補足
を参照) のが普通ですが, ここではホモトピー原理の帰結を敢えて述べてお
きます. 実際, はめ込み写像の存在を論じるときは, この帰結の方で論じる
ことが圧倒的に多いです.

したがって, 究極予想を解くには "任意の閉多様体 M^n に対して, うまい
自然数 k を選ぶと, 仮想的な k 次元ベクトル束 ν が存在して, $TM^n \oplus \nu$ が
自明となるようにできる" ことを証明すればよいわけです. ここで, 実は
$k = n - \alpha(n)$ とすればよいのですが, 最後の "自明にできる" 部分は, ホモ
トピー論では古くから知られる障害理論を使えばよいのです. コーエンは,
それを実際にやって見せて究極予想の証明を完成しました.

---

1)　'you can always get an immersion' の意です.

スメール-ハーシュの定理にはさまざまな応用も考えられます. ここで,写像の正則点理論と特異点理論の境目に位置する, 私のとても好きな話題に触れておきます. まずは M^4 を向きづけられた 4 次元閉多様体とし, はめ込み写像 $f : M^4 \to \mathbb{R}^5$ が存在すると仮定します. この設定は「ガウスの曲面論の 4 次元版」そのものです. f の法束は 1 次元ベクトル束で, ξ とします. このとき, $TM^4 \oplus \xi$ は自明なので,

$$w(M^4)w(\xi) = (1 + w_1 + w_2 + w_3 + w_4)(1 + \xi_1) = 1$$

となりますが, M^4 は向きづけ可能なので, $w_1 = 0$ です. よって, $\xi_1 = w_1 = 0$ となります. ここで, $\xi_1 = w_1(\xi) \in H^1(M^n; \mathbb{Z}_2)$ と略記しています. したがって, 1 次元ベクトル束 ξ は自明です. ゆえに,

$$w_2(M^4) = 0, \quad p_1(M^4) = p_1(TM^4 \oplus \xi) = 0 \tag{1}$$

を得ます. ここで, p_1 は 1 次ポントリャーギン類を表しますが, この結論は重要な意味を持っています.

微分可能写像 $f : M^4 \to \mathbb{R}^5$ がジェネリックとします. マザーの良好次元の不等式から, ジェネリックな写像全体は, 写像空間 $C^\infty(M^4, \mathbb{R}^5)$ の中で開かつ稠密でした. 次章で論じる「ジェット横断性定理」からわかることですが, f の安定特異点はホイットニー傘特異点のみで, 特異点集合

$$S(f) = \{x \in M^4; \operatorname{rank} df_x < 4\}$$

は M^4 の 2 次元部分多様体になっています. さらに, (これもトムの原論文の計算結果で) そのトム多項式は

$$[S(f)]_2^* = \overline{w}_2(M^4) = w_1^2 + w_2$$

であることが知られています. 一方, M^4 は向きづけ可能なので, $w_1 = 0$ より $[S(f)]_2^* = w_2$ を得ます. M^4 がスピン構造をもてば, ホイットニー傘特異点のトム多項式は消えているので, ジェネリック写像 $f : M^4 \to \mathbb{R}^5$ の特異点が解消できるか否かはわかりません. しかし, もしもスピンだが $p_1(M^4) \neq 0$ である M^4 に対しては, (1) の等式より, f の特異点が解消できないことになります. これはトム多項式以外の特異点解消のための障害があるということです. 私はこのような場合の障害を**二次的トム多項式** (secondary Thom polynomial) と呼んでいます. 1 次ポントリャーギン類

$p_1 \in H^4(M^4; \mathbb{Z}) \cong \mathbb{Z}$ はホイットニー傘特異点の二次的トム多項式です. $p_1 \neq 0$ となるスピン多様体の例はたくさんありますが, 最も基本的なのが K3 曲面とよばれる $\mathbb{C}P^3$ の中の 4 次曲面です. 定義式は簡単で, $[z_0 : z_1 : z_2 : z_3] \in \mathbb{C}P^3$ に対して, $K^4 = \{z = z_0^4 + z_1^4 + z_2^4 + z_3^4 = 0\}$ で定義されるものです. 複素射影空間 $\mathbb{C}P^3$ は 6 次元閉多様体ですが, 写像を複素数 z の実部と虚部をとって

$$f : \mathbb{C}P^3 \to \mathbb{R}^2,$$
$$f([z_0 : z_1 : z_2 : z_3]) = (\mathrm{Re}(z), \mathrm{Im}(z))$$

と定義します. f は微分可能写像になっていて, $(0,0) \in \mathbb{R}^2$ は f の正則値であることが確かめられるので, 陰関数定理より $K^4 = f^{-1}(0,0)$ は $6-2 = 4$ 次元多様体になります. 実は $\mathbb{C}P^3$ がスピンなので, K^4 もスピン構造をもつことになりますが, これについては次章にまわします. さらに $p_1(K^4) \neq 0$ を確かめることも次章の解説にまわします.

第**13**章 はめ込みと埋め込み（その3）

　前章の内容と深く関連する大学院入試レベルの問題をじっくり考えて，解いてみてください.

□**問題 13.1**　3 次元実射影空間 $\mathbb{R}P^3$ は $\mathbb{R}^4$ にはめ込み可能で，$\mathbb{R}^5$ に埋め込み可能であることを示せ.　　　　　　　　　　　　　　　（30 分以内で三段）

□**問題 13.2**　複素射影平面 $\mathbb{C}P^2$ は $\mathbb{R}^7$ にはめ込み・埋め込み可能であることを示せ.　　　　　　　　　　　　　　　　　　　　（1 時間以内で五段）

□**問題 13.3**　3 次元実射影空間 $\mathbb{R}P^3$ から $\mathbb{R}^2$ へのジェネリック写像 $f:$ $\mathbb{R}P^3 \to \mathbb{R}^2$ でカスプ特異点をもたないようなものを構成せよ.

（1 時間以内で五段）

13.1　はじめに

　毎年のことですが，5 月〜6 月にかけて教育実習があります．私の研究室では，学部 4 年のゼミ生がほぼ例外なく全員 1 か月あるいは 2 週間の教育実習に赴きます．年によっては，私が研究授業に呼ばれて参観することもときどきあります．ゼミ生すべての教育実習が終わったところで，1 日をゼミの時間に使って各自の報告会を行います．おおよそすべての学生が異口同音に，「朝が早くて大変だったが，楽しかった」あるいは「有意義だった」という感想を述べますが，運悪く荒れすさんだ母校などに赴いた学生は，自分は教員向きではないと項垂れて報告をすることもあります．概して，現今の中学校の教

育現場は，教師にとってはさまざまな意味で'過酷だ'というのが最近10年ほどの傾向であります．今年の報告によると，中学校の先生方の労働環境は，最近文部科学省から発表された通り，まさに過労死に近い状態だったようです．

彼らが教育実習生として遭遇する教育現場の問題点は，よく聞いてみると多岐にわたります．数学を苦手科目とする生徒たちが多いのは当たり前ですが，授業中の携帯いじりや不必要に見えるトイレ休憩，授業を妨害する私語や立ち歩き，など細かくあげたらキリがないほどです．例えば，トイレに行く生徒を引き留めでもすると，「教師による虐待」にあたるとかで，野放し状態の中学校も多く，学校によっては無法地帯の様相を呈したところもあると聞きました．特に荒れた学校は，窓ガラスは割れたまま，授業を聞く生徒も少数という有様で，準備した授業計画案が徒労に終わったというケースもありました．また，モンスターペアレンツに遭遇する実習生もいました．

加えて，実習生として心痛めた経験が昼食の時間にあったそうです．1クラスはおおよそ40名ほどの生徒からなりますが，その10％ほどにあたる4，5名の生徒がお弁当の時間になると，素早く教室を出ていくというのです．事情を聞くと，「親が弁当を作ってくれない上に弁当代ももらえないので，弁当がないのは恥ずかしいから教室の外で時間を潰す」とのことで，学校によっては担任の先生や校長先生がそのような生徒を別室に呼んで，手弁当で食べさせているとか．弁当の問題はかなり深刻のようです．昼食を食べられずに空腹の生徒は，決まって学校内で友人とあるいは学校側と問題を起こすのですが，その裏事情を知っている実習生はその生徒を怒る気にはならなかったと話していました．

教育実習を終えて帰ってきた学生たちの変化には目を見張るものがあります．まず，ゼミでの発表の仕方が格段に上達して帰ってきます．講義中に携帯をいじる学生は一人としていなくなります．またゼミの発表では，聞く側の立場にたった発表ができるようになり，ときには視覚資料なども積極的に準備してくる学生などもいて，実に頼もしい限りです．

私は最後に決まって，教育実習を通して気がついた現在の教育現場の問題点と，そのために何をしたらよいと思うかを語らせます．もうかれこれ，この試みは15年ほど行っていますが，だんだんと内容が変化してきていることに驚かされます．その答えには時代の移り変わりと，現代社会そのものが

抱える問題の本質を垣間見る思いがします．最近の学生たちは，授業に参加
させることや数学の授業の工夫の仕方などは二の次で，とにかく実習生とし
て生徒たちと'昼食を共にした時間'が，生徒たちの本音が聞けて最も有意義
な時間だったと語ります．そして10代の子を持つ親御さんはもっと子供た
ちと食を共にする時間を持つべきで，その時間のコミュニケーションが最も
大事だと断言します．問題は，学校という教育現場にあるのではなくて，ま
さに家庭にあるのだと語ります．親が日常生活に忙殺されすぎて，子供の心
に触れる機会が希薄になっているように見受けられます．

　我が国日本は豊かになり，携帯電話やパソコンの普及によりたしかに便利
な時代にはなりましたが，何か素朴な人と人との繋がりという目には見えな
い貴重な宝を失いつつあるのかもしれない，というのが私の率直な感想で
す．最近，中学生の自殺が頻発していて，その問題点が学校という教育現場
にあるかのようなマスコミの報道が盛んですが，そこに躍起になっている現
状は問題の本質からはややずれているように感じられます．問題の根源は実
は教育現場にあるのではなくて，家庭という寝食を共にする場所にこそある
のかもしれません．

13.2　4次元多様体上のジェネリック写像

　K3曲面とよばれる4次元閉多様体 K^4 の特性類に関する計算の続きです．
その議論にはすでに簡単に触れた複素ベクトル束の「チャーン類」の計算が
要ります．詳しい部分の解説を満足いくように与えると紙数を超過してしま
うので，チャーン類に関する算術の部分を中心に解説します．まずは，$g:$
$K^4 \to \mathbb{C}P^3$ を K3曲面の $\mathbb{C}P^3$ の中への自然な埋め込み写像とします．この
埋め込みの法束を ν_g とすると，これは複素1次元のベクトル束になり，ベ
クトル束の同型
$$TK^4 \oplus \nu_g \cong g^*T\mathbb{C}P^3$$
が成り立ちます．ここに登場した3つのベクトル束はどれも複素ベクトル束
としての構造をもちます．ですから，全チャーン類に関する等式
$$c(K^4) \cdot c(\nu_g) = c(g^*T\mathbb{C}P^3) = g^*c(\mathbb{C}P^3) \tag{1}$$
を得ます．TK^4 は実ベクトル束としては4次元ですが，複素ベクトル束と
しては2次元です．その全チャーン類は，$c(K^4) = 1 + c_1(K^4) + c_2(K^4)$ と

書けます．ここで，$c_i(K^4) \in H^{2i}(K^4; \mathbb{Z})$ $(i=1,2)$ であることに注意してください．接ベクトル束 TK^4 の全シュティーフェル-ホイットニー類は，

$$w(K^4) = 1 + w_1(K^4) + w_2(K^4) + w_3(K^4) + w_4(K^4)$$

と書けますが，実は

$$w_{2i}(K^4) \equiv c_i(K^4) \pmod 2 \quad (i=1,2) \tag{2}$$

が成り立ちます．奇数次の部分ですが，TK^4 が複素ベクトル束の構造をもつことから，

$$w_1(K^4) = 0, \quad w_3(K^4) = 0$$

となっています．これより，K^4 は向きづけ可能な 4 次元多様体になります．したがって，$H_4(K^4; \mathbb{Z}) \cong \mathbb{Z}$ であることに注意します．

さて，ν_g ですがこれは複素直線束なので，その全チャーン類は $c(\nu_g) = 1 + c_1(\nu_g)$ となります（[7] の第 1 章を参照）．$c_1(\nu_g) \in H^2(K^4; \mathbb{Z})$ の計算には，$\mathbb{C}P^3$ のコホモロジー群の構造が必要になります．$\mathbb{C}P^3$ 上のモース関数 f で特異点の個数が最少のものは，

$$f[z_0 : z_1 : z_2 : z_3] = \frac{|z_0|^2 + 2|z_1|^2 + 3|z_2|^2 + 4|z_3|^2}{|z_0|^2 + |z_1|^2 + |z_2|^2 + |z_3|^2}$$

で与えられ，それぞれ指数が 0, 2, 4, 6 の特異点が 1 個ずつ 4 個現れます．このことから $H^2(\mathbb{C}P^3; \mathbb{Z}) \cong \mathbb{Z}$ がわかります．

問 13.1 上で与えられる $\mathbb{C}P^3$ 上のモース関数 f について，特異点を求め，それぞれ指数が 0, 2, 4, 6 であることを確かめよ．

(20 分以内で二段)

その生成元を α とします．このとき，埋め込み写像 g から誘導されるコホモロジー群の準同型を $g^* : H^2(\mathbb{C}P^3; \mathbb{Z}) \to H^2(K^4; \mathbb{Z})$ とすると，$\mathbb{C}P^3$ の 1 次曲面は明らかに $\mathbb{C}P^2$ で，また，ホモロジー類 $[\mathbb{C}P^2] \in H_4(\mathbb{C}P^3; \mathbb{Z})$ は $\alpha \in H^2(\mathbb{C}P^3; \mathbb{Z})$ に対応する（ポアンカレ双対）ので，K^4 が 4 次曲面であることから，

$$c_1(\nu_g) = 4g^*\alpha$$

を得ます[1]. さらに, $\mathbb{C}P^3$ の全チャーン類の計算ですが, すでに述べた実射影空間 $\mathbb{R}P^n$ の場合とほとんど同様の計算で,

$$c(\mathbb{C}P^3) = (1 + \alpha)^4 = 1 + 4\alpha + 6\alpha^2 + 4\alpha^3 \tag{3}$$

となります ([8] 参照). ですから, (1) の右辺は $1 + 4g^*\alpha + 6g^*\alpha^2 + 4g^*\alpha^3$ と書けます. (1) の左辺は

$$(1 + c_1 + c_2)(1 + \nu_1) = 1 + (c_1 + \nu_1) + (c_1\nu_1 + c_2) + c_2\nu_1$$

となります. ここで, $c_i = c_i(K^4)$, $\nu_1 = c_1(\nu_g)$ と略記しています. 両辺を見比べて,

$$c_1 = 0, \quad c_2 = 6g^*\alpha^2$$

を得ます. したがって, $w_2 \equiv c_1 = 0 \pmod 2$ ですから, K^4 がスピン多様体であることがわかります. ところで, 再び K3 曲面 K^4 が 4 次曲面であることから, 等式

$$\langle g^*\alpha^2, [K^4] \rangle = 4$$

が得られます. ここで, $[K^4] \in H_4(K^4; \mathbb{Z}) \cong \mathbb{Z}$ は生成元を表します. これは本質的にポアンカレ-ホップの定理と言える内容ですが, K^4 の最高次のチャーン類に関して,

$$\chi(K^4) = \langle c_2(K), [K^4] \rangle = 6\langle g^*\alpha^2, [K^4] \rangle = 24$$

が成り立ちます. $\chi(K^4) = 24$ はもちろん K^4 のオイラー標数です.

また, ポントリャーギン類 p_1 も計算してみます. ポントリャーギン類をチャーン類で表す恒等式 ([8] 参照) が知られていて, 4 次元の場合を書くと,

$$1 - p_1 = (1 + c_1 + c_2)(1 - c_1 + c_2)$$

より, $p_1 = c_1^2 - 2c_2$ が成り立ちます. いまの場合, $c_1 = 0$ でしたので

$$\langle p_1, [K^4] \rangle = \langle -2c_2, [K^4] \rangle = -48 \tag{4}$$

を得ますから, $p_1(K^4) \neq 0$ であることが示せました.

蛇足ながら, 重要な注意をしておくと, 向きづけられた 4 次元閉多様体

---

1) この部分は本来丁寧に解説したいところですが, 専門的になるので, 詳しいことを知りたい方は [7] を参照してください.

174 第 13 章 はめ込みと埋め込み (その 3)

M^4 の位相不変量である符号数 $\sigma(M^4)$ という整数値に関して

$$\sigma(M^4) = \frac{1}{3}\langle p_1, [M^4] \rangle$$

という符号数公式 ([7] または [8] を参照) が知られています. K3 曲面については, (4) より $\sigma(K^4) = -16$ となります. これについては, 後の章のコボルディズム理論編でもう少し詳しく触れます.

なお, 1920 年代にレフシェッツ (S. Lefschetz) が射影的代数多様体 (複素射影空間の多項式の零点で定義される多様体) のホモロジー群などを調べていて, その結果から上の K3 曲面 K^4 は単連結であることが従います. したがって, ポアンカレ双対定理と合わせて, $b_1 = b_3 = 0$ なので, 上のオイラー標数の計算から $b_2(K^4) = 22$ がわかります. よって, $\sigma(K^4) = 3 - 19 = -16$, すなわち $H_2(K^4)$ 上の対称双一次形式の正の固有値は 3 個, 負の固有値は 19 個というわけです. さらに, 対称双一次形式の代数的な分類から, この 22 次正方行列が $(-E_8) \oplus (-E_8) \oplus H \oplus H \oplus H$ であることもわかります. ここで, E_8 は E_8 行列 ([6] 参照) を表し, $H = \begin{pmatrix} 0 & 1 \\ 1 & 0 \end{pmatrix}$ です. このように,「4 次元のトポロジー」は特性類に関わる微妙な幾何学的な例を多く与えてくれるので, 写像の特異点論の新しい現象を発見するための試金石となる次元です.

さらに蛇足ですが, K3 曲面の位相的な構成についても簡単に触れておきましょう. S^1 をガウス平面の単位球面とし, 4 次元トーラス T^4 上の微分同相写像

$$\tau : S^1 \times S^1 \times S^1 \times S^1 \to S^1 \times S^1 \times S^1 \times S^1,$$

$$\tau(z_0, z_1, z_2, z_3) = (\overline{z}_0, \overline{z}_1, \overline{z}_2, \overline{z}_3)$$

を考えます ($\overline{z}$ は z の複素共役). この τ の不動点集合は, $(\pm 1, \pm 1, \pm 1, \pm 1)$ の 16 個の点です. そこで, $z = (z_0, z_1, z_2, z_3) \in T^4$ に対して, 商空間 $V^4 := T^4/(z \sim \tau(z))$ を考えます. この商空間 V^4 は T^4 が 4 次元閉多様体なので, ほとんどの点で多様体にはなりますが, 不動点集合の近傍で多様体にはなりません. 正確に言うと, 16 個の不動点を特異点とする $\mathbb{R}P^3 = S^3/(z \sim -z)$ 上の錐になっています. そこで, この V^4 を多様体とするために, 特異点のブローアップという操作を行います. まずは, 16 個の不動点の近傍の錐を切り取ります. そこへ, 以前に 2 次元球面が平行化可能ではないことの議論

で解説した，S^2 の接束 TS^2 のファイバーの長さを 1 以下とする部分空間
$$DS^2 = \{(x,v) \in TS^2; |v| \leq 1\}$$
を貼り付けます．$\partial DS^2 = SO(3) \cong \mathbb{R}P^3$ でしたから，これらを 16 個用意して，V^4 の不動点上の錐を取り除いた部分に貼り付けて (図 13.1 参照) できるものを $\tilde{V}^4$ とすると，$\tilde{V}^4$ は 4 次元閉多様体になります．

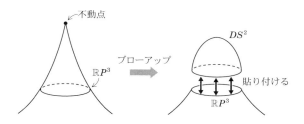

図 13.1 ブローアップの方法

実はこれが K3 曲面 (**クンマー曲面**と呼ばれる) の位相的構成の一つの方法なのです．$b_2(\tilde{V}^4) = 22$ となっていることを簡単に確かめてみましょう．まずは，4 次元トーラス T^4 のホモロジー群ですが，$S^1 = h^0 \cup h^1 (h^i$ は i 次元ハンドル) なので，二項展開 $(1+t)^4 = 1 + 4t + 6t^2 + 4t^3 + t^4$ ですから，t^2 の係数 6 が $b_2(T^4) = 6$ を表します．一方，明らかに DS^2 は S^2 にホモトピー同値なので，$H_2(DS^2) \cong H_2(S^2) \cong \mathbb{Z}$ ですから，16 個のこれらのコピーを貼り付けて得られる $\tilde{V}^4$ において，$b_2(\tilde{V}^4) = 6 + 16 = 22$ となるのは当然ですね．こうして構成された $\tilde{V}^4$ が K3 曲面に同相であることは，それほど簡単ではないですが，読者の演習として残しておきます：

> **問 13.2** 基本群について，$\pi_1(V^4) = \pi_1(\tilde{V}^4) = 1$ であり，$\chi(\tilde{V}^4) = 24$ であることと，さらに $\tilde{V}^4$ はスピンであり，したがって (フリードマンの単連結 4 次元閉多様体の分類定理を援用して)K3 曲面に同相であることを示せ． (2 時間以内で五段)

さて，ここでの話題は次の「安定平行化可能」という用語の定義を示唆しています．M^n を n 次元多様体とし，接ベクトル束 TM^n と自明な 1 次

元ベクトル束 ε とのホイットニー和 $TM^n \oplus \varepsilon$ が自明になるとき，M^n を**安定平行化可能**といいます．球面 S^n は自然な埋め込み $f: S^n \to \mathbb{R}^{n+1}$ をもち，その法束は自明なので，明らかに安定平行化可能です．一方，実射影空間 $\mathbb{R}P^n$ が安定平行化可能となり得る次元は，$n = 2^r - 1$ に限られています (後述の計算を参照)．ただし $r = 1, 2, 3$ のときは，平行化可能にもなります．M^n が向きづけ不可能ならば，明らかに安定平行化可能ではありません．特に M^n が安定平行化可能ならば，その全シュティーフェル-ホイットニー類は $w(M^n) = 1$ となります．これは安定平行化可能であるための必要条件です．

> **問 13.3** M^n が平行化可能ならば，安定平行化可能であることを示せ．安定平行化可能だが，平行化可能ではない閉多様体の例を与えよ．また，全シュティーフェル-ホイットニー類が $w(M^n) = 1$ となることは，M^n が安定平行化可能であるための必要十分条件か否かを考察せよ．　　　　　　　　　　　　　　　　　　　　　(40 分以内で四段)

M^n が安定平行化可能ならば，$\mathbb{R}^{n+1}$ にはめ込み可能であることがスメール-ハーシュの定理から従います．ではこの逆の主張は成り立つでしょうか？

> **問 13.4** M^n が $\mathbb{R}^{n+1}$ にはめ込み可能であるとき，安定平行化可能であるといえるかどうかを考察せよ．　　　　　　(10 分以内で四段)

さて，ここで上で述べた話題と密接に関連する余談を少し述べさせてください．ロシア出身のグロモフ (M. Gromov) という偉大な幾何学者がいて，彼は 1986 年に "Partial Differential Relations" というとても独創的な著書を出版しました．この本の 65 ページに演習問題があって，それは次のようなものです．

　　　　ジェネリックな写像 $f: M^4 \to \mathbb{R}^5$ が与えられたとき，その特異点集合を $S(f)$ とする．連続写像 $S(f) \to G_3(\mathbb{R}^5)$ から誘導される不変 2 次微分形式を ω とするとき，公式

$$\int_{S(f)} \omega = p_1[M^4]$$

が成り立つことを示せ.

前章でも解説したように,写像 f には一般にホイットニー傘特異点が現れて,特異点集合 $S(f)$ は 2 次元部分多様体であることに注意してください.等式の積分などに関する詳細はここでは触れませんが,p_1 という特性類がジェネリック写像の特異点の情報で決まることを示唆しています.この難しい問題が演習とはグロモフらしい気がします.私は本でこれを読んだあと,すぐには解答がわからなかったので,ちょうどその頃来日されていたハンガリーのスーチュ (Andras Szücs) 教授に,この演習問題はどうやって解けばよいかを尋ねました.実はスーチュさんは 1970 年代にロシアへ留学し,グロモフのもとで学位を取られた経歴をおもちだったからです.彼の返答は,「わからない」というものでした.そして一言,「グロモフは天才だから,彼にとっては演習でもこれは解ければ論文になるさ」とのことでした.

ついでにさらなる余談です.スーチュさんとの雑談の折に聞いた話題です.第 4 章で解説したバンチョフの合同式についてです.この合同式ですが,スーチュさんはグロモフとのセミナーでバンチョフとは独立にこの合同式を発見していたとのことです.しかし,グロモフと「こんなことはほとんど自明だよね」ということで,論文にもしなかったが,バンチョフが 2 つも論文を書いて出版したのには驚いたとのことです.実際,スーチュさんは自己横断的なはめ込み写像を完全に含む形で,ジェネリック写像 $f: M^2 \to \mathbb{R}^3$ に対する合同式を得ています.オイラー標数と 3 重点の個数に加えて,ホイットニー傘特異点に関係する '纏わり数' $l(f)$ が現れる公式です.f がはめ込みならば,$l(f) = 0$ でバンチョフの合同式になります.

もう 1 つの二次的トム多項式に関連する話題に触れます.M^4 を向きづけられた 4 次元閉多様体とし,M^4 が $\mathbb{R}^6$ にはめ込み可能とすると,2 次元の法束 ν があって,ホイットニー和 $TM^4 \oplus \nu$ は自明なベクトル束となります.

逆に,整数係数のコホモロジー類 $z \in H^2(M^4; \mathbb{Z})$ が存在して,

$$w_2 = z \pmod 2, \quad p_1 = -z^2 \tag{5}$$

を満たせば,仮想的な 2 次元ベクトル束 ν があって $TM^4 \oplus \nu$ は自明にでき

ます. するとスメール-ハーシュの定理より, はめ込み写像 $f: M^4 \to \mathbb{R}^6$ が存在します. ここで f を必要ならば少し摂動して, 自己横断的なはめ込み写像 g が得られます. 4 次元の平面を 2 枚もってきて $\mathbb{R}^6$ の中で交わらせると, 交叉部分の次元は, 簡単な算数で $4+4-6=2$ で 2 次元になります. さらに, 4 次元の平面を 3 枚もってきて $\mathbb{R}^6$ の中で交わらせると, 交叉部分の次元は, 簡単な算数で $4+(4+4-6)-6=0$ で, はめ込み写像 g の 3 重点は離散点になります. 実は, M^4 が向きづけられていることと, $\mathbb{R}^6$ に向きを指定することにより, g の各 3 重点に $+1$ または -1 の符号を割り振ることができて, その総和は整数値をとりますが, これが $p_1[M^4]$ に一致することが証明できます. これははめ込み写像の**ハーバートの公式**とよばれるものの 1 つです. その公式の簡明な証明が

> Robion Kirby, *The topology of 4-manifolds*, Springer Lecture
> Notes in Math. vol. 1374

に書かれています. このハーバートの一連の公式は, 次節で述べる究極の埋め込み予想を解くための大事な情報になるのは必然で, トム多項式の考え方と相通じるものがあるため解説したかったのですが, 大幅に紙数を取るので断念しました. ご勘弁ください.

問 13.5 複素射影平面 $\mathbb{C}P^2$ に対して, (5) のようなコホモロジー類 $z \in H^2(\mathbb{C}P^2; \mathbb{Z})$ が存在しないこと, すなわちはめ込み写像 $f: \mathbb{C}P^2 \to \mathbb{R}^6$ が存在しないことを示せ. （15 分以内で三段）

この場合もジェネリック写像 $f: M^4 \to \mathbb{R}^6$ を考えると, さらに面白い 4 次元特有の現象に出会えます. 次章で論じるジェット横断性定理からわかることですが, f の安定特異点はホイットニー傘特異点のみで, その特異点集合は

$$S(f) = \{x \in M^4;\ \mathrm{rank}\, df_x = 3\}$$

となり, M^4 の 1 次元部分多様体すなわち S^1 の非交和となります. したがって, そのトム多項式は 3 次のコホモロジー類になりますが, 例えば, $M^4 = \mathbb{C}P^2$ とすると, そもそも $H^3(\mathbb{C}P^2; \mathbb{Z}) = 0$ なので, トム多項式は消えていることになります. トム多項式では, 特異点を解消できるかどうか

はわからないのです．ホイットニー傘特異点が解消できると仮定すると，はめ込み写像 $f: \mathbb{C}P^2 \to \mathbb{R}^6$ が存在することになります．しかし，これは問題 13.5 の結論とは矛盾します．よって，ジェネリック写像 $f: \mathbb{C}P^2 \to \mathbb{R}^6$ の特異点は解消できないことがわかります．この場合も悪さをするのが $p_1 \in H^4(\mathbb{C}P^2; \mathbb{Z}) \cong \mathbb{Z}$ で，特異点の '二次的トム多項式' であるといえなくもありません．

13.3 埋め込みについて

はめ込み写像があると，一般にそこには多重点とよばれる自己交叉点集合が生じます．例えば，(自己横断的な) はめ込み写像 $f: M^3 \to \mathbb{R}^4$ を考えると，f には 2 重点・3 重点・4 重点が一般に現れます．一般の位置の議論から，$3 + 3 - 4 = 2$ ですから 2 重点集合は 2 次元，$3 + (3 + 3 - 4) - 4 = 1$ ですから 3 重点集合は 1 次元，$3 + \{3 + (3 + 3 - 4) - 4\} - 4 = 0$ ですから 4 重点集合は離散点で現れることがわかります．

はめ込み写像を埋め込み写像に変形するというのは，幾何学的にとても難しい操作で，はめ込みに一般に生じる多重点を大域的に解消しなくてはならないわけです．ホイットニーが編み出したホイットニー・トリックは，はめ込み写像 $f: M^n \to \mathbb{R}^{2n}$ に離散的に生じる 2 重点を大域的に解消する手法でした．一般に多重点が生じる場合は多重点集合が次元をもつので，その解消の操作はさらに難しいものとなるのは容易に想像ができます．

さて，前章で，究極のはめ込み予想がコーエンによって解決されたことに触れました．実は究極の埋め込み予想もあって，それは

> 任意の n 次元閉多様体 M^n は $\mathbb{R}^{2n-\alpha(n)+1}$ へ埋め込み可能であろう！

となります．たぶん正しいと思いますが，(おそらく) 現在も未解決な予想です．$\mathbb{R}^{2n-\alpha(n)+1}$ へのはめ込み写像の多重点をすべて解消できることを証明しなくてはならないので，はめ込み予想の証明のようにホモトピー論の精密化では足りなくて，もう一段難しい幾何学的な議論が要求されるだろうと想像できます．

埋め込みの難しさを象徴するように，割合身近なところにさえ未解決問題

が潜んでいます. 第11章でも言及した『岩波数学辞典』第4版付録の射影空間の埋め込みとはめ込みの表によると, 6次元実射影空間 $\mathbb{R}P^6$ の埋め込みの最低次元が $\mathbb{R}^9$, $\mathbb{R}^{10}$, $\mathbb{R}^{11}$ のいずれかであることはわかっているようですが, 実際にどこまで下げられるかは未解決のようです. 蛇足ですが, $\mathbb{R}P^6$ は実射影平面 $\mathbb{R}P^2$ とある面で似ています. なぜなら,

$$w(\mathbb{R}P^6) = (1+\alpha)^7 = 1 + \alpha + \cdots + \alpha^6$$

となりますが, 仮想的に非自明な1次元ベクトル束 $\nu = (\pi: E \to \mathbb{R}P^6)$ を考えると, $w(\nu) = 1 + w_1(\nu)$ で $w_1(\nu) = \alpha$ ですから,

$$w(T\mathbb{R}P^6 \oplus \nu) = (1 + \alpha + \cdots + \alpha^6)(1+\alpha) = 1$$

を得ます. これより, $T\mathbb{R}P^6 \oplus \nu$ は自明なベクトル束になるからです. よって, ホモトピー原理より, はめ込み写像 $f: \mathbb{R}P^6 \to \mathbb{R}^7$ が存在しますが, この設定は実射影平面の場合のボーイ曲面の存在にとても似ています. ただし, はめ込み写像 f を自己横断的と仮定すると, f には一般に2重点〜7重点が現れます. 実は, バンチョフの公式の拡張 (エックレスの公式といいます) がこの場合も成り立って, 7重点の個数の偶奇がオイラー標数に一致します. $\chi(\mathbb{R}P^6) = 1$ ですから, はめ込み写像 $f: \mathbb{R}P^6 \to \mathbb{R}^7$ には必ず7重点が奇数個現れることになります. 次元が高いので絵を描くのは難しいですが, ボーイ曲面のアナロジーで, 7重点をただ1つもつはめ込み写像は構成できるか, と問いたくなりますね. 素朴な幾何学的問題ですが, 未解決な問題のようです.

埋め込みの話に戻ります. 驚きなのは7次元実射影空間 $\mathbb{R}P^7$ の埋め込みの場合で, $\mathbb{R}P^7$ は平行化可能な多様体ですが, 埋め込みの最低次元は不明なようです. ここで, $w(\mathbb{R}P^n) = (1+\alpha)^{n+1}$ であったことを思い出しましょう. そこで, $n+1 = 2^r$ であると仮定しましょう. すると, $(1+\alpha)^2 = 1 + \alpha^2$ が成り立ちますから, このとき

$$w(\mathbb{R}P^n) = (1+\alpha)^{2^r} = 1 + \alpha^{2^r} = 1$$

を得ます. もしも, $n+1 = 2^r \cdot m$ (m:奇数, $m > 1$) ならば, 容易に $w(\mathbb{R}P^n) \neq 1$ であることが示せます. したがって, $w(\mathbb{R}P^n) = 1$ となるための必要十分条件は, $n+1 = 2^r$ であることがわかります. したがって, $\mathbb{R}P^n$

が (安定) 平行化可能となり得るのは，$n = 2^r - 1$ の場合に限ることになります．$r = 1, 2, 3$ の場合に実際そうであることを確かめるのは容易です (下の問 13.6 を参照)．

さて，$\mathbb{R}P^7$ は $\mathbb{R}^8$ にはめ込み可能ですが，そのはめ込み写像 $f : \mathbb{R}P^7 \to \mathbb{R}^8$ には 2 重点〜8 重点が生じます．そのどこかに多重点を解消できない障害があって，$\mathbb{R}^8$ に埋め込み不可能なのです．その障害は，$\mathbb{R}P^7$ が平行化可能であり，すべての特性類が自明になるため，特性類では捉えられないものです．

問 13.6 $\mathbb{R}P^7$ は平行化可能な多様体であること，すなわち $\mathbb{R}P^7$ 上に一次独立な 7 個のベクトル場が存在することを示せ．

(20 分以内で三段)

再び『岩波数学辞典』の表によると，$\mathbb{R}P^7$ が埋め込み可能なのは $\mathbb{R}^9$ 〜 $\mathbb{R}^{12}$ のいずれかであることはわかっているようですが，最低次元を決定するのは未解決な問題のようです．

特性類の計算をしてくると，平行化可能な多様体というのは扱いが易しいと錯覚を起こしてしまいそうですが，本当はそうではないのかもしれません．接ベクトル束が自明な多様体でさえ，埋め込みの最低次元を決定するのは難しいというのは，「多様体論」のジレンマだと言えます．

はめ込み写像を埋め込み写像に変形するのは，写像の正則点理論の問題の中でも難問に属する方で，ホイットニーが成功したホイットニー・トリックによる 2 重点 (離散点) の解消が実は最も簡単な場合なのだといえそうです．1 次元以上の多重点集合を解消するのは一般に難しく，その手法を開発できれば未解決の難問を解く鍵となるのは必至と言えます．もしかしたら，高次元ポアンカレ予想を凌ぐ難問の解決の要となるやもしれません．読者，特に若い研究者の中から，本章で解説した中に出てきたさまざまな未解決問題のいずれかに果敢に挑戦してくれる方が現れたら，とても嬉しい限りです．

第14章 沈めこみ写像とファイバー束

　前章までの内容の復習となる大学院入試問題レベル $+\alpha$ の問題です．じっくり考えて，解いてみてください．

□**問題 14.1**　K3 曲面 K^4 は $\mathbb{R}^6$ にはめ込み可能であることを示せ．

(15 分以内で三段)

□**問題 14.2**　K3 曲面 K^4 は $\mathbb{R}^6$ に埋め込み可能であるか否かを考察せよ．

(1 時間以内で六段)

□**問題 14.3**　複素射影平面 $\mathbb{C}P^2$ の向きを反対に入れたものを $\overline{\mathbb{C}P^2}$ で表す．このとき，$\mathbb{C}P^2 \sharp \overline{\mathbb{C}P^2}$ から $\mathbb{R}^6$ へのはめ込み写像が存在するか否かを考察せよ．

(15 分以内で三段)

□**問題 14.4**　M^4 を向きづけ可能な 4 次元閉多様体とする．ジェネリック写像 $f : M^4 \to \mathbb{R}^5$ の特異点集合を $S(f)$ で表すとき，その自己交点数について $S(f) \cdot S(f) = 0$ が成り立つことを示せ．　(20 分以内で四段)

14.1　はじめに

　小学校では，加減乗除の四則演算を学びますが，その中で最も難しいのが「割り算」です．大学で学ぶ集合論でも集合の和，差，積 (直積) は定義が直感的にもイメージしやすいですが，集合の割り算はいわゆる同値関係そのものですから，実に多彩な割り方があって私の教育経験からも多くの学生が躓

く最初の関門でもあります．さらに，代数でも割り算の難しさは，「体」の理解とほとんど同じになります．このように割り算を理解することは，数学を理解する上で大変重要になります．例えばガロア理論における群論と体論の密接な結びつきは，まさにこのことの重要性を端的に物語っています．

さて，ここで唐突ですが次の算数の問題を考えてみてください：

> ここに 100 万円の束が二つある．それぞれの束のお金を何人かに分ける方法を考える．ただし，一人に分ける金額は 20 万円以上であってはならない．そこで問題．このような分け方には最低何人が必要か？

これは簡単な割り算の問題ですね．『数学セミナー』の読者ならば，解説するまでもないほど単純な問題でしょう．答えは「最低 12 人が必要」ですね．

今年の夏に都議選があり，自民党が歴史的大敗を喫したことは記憶に新しいことでしょう．選挙期間中に，自民党が関係する，大敗に結びつく可能性のある話題がいくつかマスコミを賑わしましたが，読者は上の割り算の問題と関連する話題が登場していたのをご記憶でしょうか．某議員 S 氏の政治献金疑惑の話題で，二年間に渡り 100 万円ずつ献金を受けていたというものです．どうやら 20 万円以上の献金には内訳を記した報告書の作成義務というルールがあるようですが，その報告書がなかったのです．絶妙のタイミングで出たこの疑惑に際して，S 氏は「献金は 11 人によるので違反ではない」と記者会見で自信満々の様子で述べていました．上の問題をすぐに解ける読者ならば，即座に「あれっ？」と首を傾げてしまいますよね．わたしもテレビを見ていて，すぐに間違いに気づきました．S 氏自身 (あるいは秘書) は，$200 \div 11 < 20$ という割り算から誤答を導出したのでしょうね．この答えが誤りなのは，仮に $5 + 6 = 11$ と分けると，必ずある年度は 5 人で 100 万円を分けることになるので，最低一人 (最大 5 人) からルールに違反する献金があったのは明らかですね．

自分の都合のためには，ルールそのものを変えてしまおうとするのが政治家なのでしょうか．算数・数学ができる人は，計算の規則を変えてまで自分の誤答の正当性を主張することはありません．算数や数学で難しい「割り算」を，できるだけもっと多くの人にしっかり勉強してもらいたいものです．当該の S 氏が元文部科学大臣 (間接的には私の元上司？) なのにも驚きです

184 第14章 沈めこみ写像とファイバー束

が，そこにいたマスコミ関係者が誰一人この明らかな誤答を指摘しないのも驚きでした．やっぱり多くの人々が難しい割り算をどこかで脇へ追いやってきてしまった結果なのでしょう．数学教育者として，大学では割り算をできる限り懇切丁寧に教えなければならない，と深く反省した次第であります．

14.2 ジェット横断性定理

写像の正則点理論と特異点理論の境目に位置するのが「ジェット横断性定理」です．写像の大まかな振る舞い (正則点集合と特異点集合の構造) がジェット横断性定理により把握できます．まずはジェットの概念から話を始めます．私が初めてジェット空間の考え方に出会ったときには，数学の革命に遭遇したような衝撃を受けました．ジェット空間とは，写像空間をある同値関係で割って得られる商空間です．そのジェットの考え方を理解するために高校数学からのお浚いです．

関数 x と $\sin x$ のグラフを描いてください．そこでお尋ねしますが，この2つの関数は似ていますか，それとも似ていませんか．高校生ならば，即座に「似ていない！」と答えるでしょう．一方は直線で他方は曲線ですから．しかし，テイラー展開を学んだ大学生で，数学ができる学生は少し腕組みをして考えて，「ちょっと似ている」と答えるかもしれません．さらに優秀な大学生ならば，「原点の近傍で似ている！」と断言することでしょう．実際，テイラー展開が

$$\sin x = x - \frac{x^3}{3!} + \frac{x^5}{5!} - \cdots + (-1)^{n-1}\frac{x^{2n-1}}{(2n-1)!} + \cdots$$

で与えられるので，原点の近傍で，すなわち十分小さい x に対して，$x \fallingdotseq \sin x$ が成り立っています．この見方からすると，$\sin x$ と $\cos x$ は三角関数という同じ範疇の関数で，グラフは互いの裏返しのようですが，原点の近傍では大きく異なっています．この原点の近傍で関数を類別するという考え方は，とても有用です．

何回でも微分可能な1変数関数全体の空間を $C^\infty(\mathbb{R}, \mathbb{R})$ と書きます．当然ですが，$C^\infty(\mathbb{R}, \mathbb{R})$ は無限次元の空間です．取りあえず，高校数学の微分・積分は (無限次元ということは意識せずに) この空間の中で行っていました．高校数学で学んだ微積分が行える関数は，有理関数 (分数関数) や無理関数

が中心で，さらに三角関数，指数関数，対数関数なども代表的な関数です．しかし，これらの合成関数の積分を考えると途端に手も足も出なくなることがわかります．ちなみに，私は次の合成関数の定積分を計算したいと長年努力していますが，一向に歯が立ちません：

$$\int_0^{\frac{\pi}{2}} x \log(\sin x)\, dx$$

積分区間を $(0, \pi)$ まで広げると，この定積分は簡単[1]なのですが，区間を半分にすると途端に求積困難になるのです．

大学 1 年次には，逆三角関数や y の代数方程式

$$y^n + r_1(x)y^{n-1} + \cdots + r_n(x) = 0 \qquad (r_k(x): \text{有理関数})$$

の解として定まる代数関数 $y = a(x)$ を学びます．さらに，大学 2 年次以降になると，代数関数ではない超越関数なるものの存在も知ります．代表的な超越関数には，楕円関数やガンマ関数などがあります．一般に，超越関数はおいそれと不定積分ができなくて，だからこそ関数論が面白くなるとも言えます．超越関数のなす $C^\infty(\mathbb{R}, \mathbb{R})$ の部分集合の構造は，現代数学をもってしても解明にはほど遠いのが現状です．ですから，$C^\infty(\mathbb{R}, \mathbb{R})$ という空間をこのまま数学にするのは，それこそ小さな蟻が海を渡って彼方の島を目指す無謀な旅のごとくです．そこで次善策を考えます．$C^\infty(\mathbb{R}, \mathbb{R})$ はまともに扱うには大きすぎる空間なので，個々の関数の違いは無視して，数学的にもう少し扱いやすい大雑把な空間を相手にしよう，というのがジェット空間のアイデアで，そのためのヒントになるのが上で述べた「x と $\sin x$ は原点の近傍で似ている」という考え方です．似ている，つまり 'うまい同値関係' を入れて，$C^\infty(\mathbb{R}, \mathbb{R})$ の商空間を考えるのです．これがジェットの概念のアイデアでもあります．

2 つの微分可能な写像 $f, g: \mathbb{R}^n \to \mathbb{R}^p$ が与えられたとき，正整数 r と $x \in \mathbb{R}^n$ に対して，$f(x) = g(x)$ であり，f と g の p 個ある各成分関数の r 階までの偏微分係数がすべて等しいとき，f と g は x において r **次同値**であるといいます．

---

1) 積分区間を変えただけでそんなことが起こる？ と思われた読者は，拙著『高校数学と大学数学の接点』(日本評論社) を参照してください．

186   第 14 章　沈めこみ写像とファイバー束

> **問 14.1**　x と $\sin x$ は，$x = 0$ において 2 次同値であるが，3 次同値
> ではないことを示せ。　　　　　　　　　　　　　　　　　（10 分以内で初段）

　r 次同値は，明らかに $C^\infty(\mathbb{R}^n, \mathbb{R}^p)$ における同値関係になるので，$f \in C^\infty(\mathbb{R}^n, \mathbb{R}^p)$ に対して，その同値類 $j^r f_x \in C^\infty(\mathbb{R}^n, \mathbb{R}^p)/\sim$ を f の点 $x \in \mathbb{R}^n$ における r 次ジェットといいます。$f(\mathbf{0}) = \mathbf{0}$ を満たす $f \in C^\infty(\mathbb{R}^n, \mathbb{R}^p)$ の原点 $\mathbf{0}$ における r 次同値類全体の集合を $J^r(n, p)$ で表します。$J^r(n, p)$ は有限次元ユークリッド空間と同一視できます。

　この「r 次同値」の概念は，局所座標を用いることにより，多様体の間の微分可能写像全体の空間 $C^\infty(M^n, N^p)$ においても定義ができます。そこで，$J^r(M^n, N^p)$ を次の集合とします：

$$\{(x, f(x), j^r f_x);\ x \in M^n,\ f \in C^\infty(M^n, N^p)\}.$$

これは多様体になっていて，**r 次ジェット空間**といいます。r 次同値という関係は，$C^\infty(M^n, N^p)$ の同値関係になっています。もう少し説明を補足すると，$f \in C^\infty(M^n, N^p)$ に対して

$$C^\infty(M^n, N^p; x, y) = \{f;\ x \in M^n,\ f(x) = y \in N^p\}$$

とするとき，$f \in C^\infty(M^n, N^p; x, y)$ に属するこの同値関係による同値類のことを r 次ジェットといい，$C^\infty(M^n, N^p; x, y)$ の元の点 x における r 次ジェット全体の集合を $J^r(M^n, N^p; x, y)$ で表すとき，

$$J^r(M^n, N^p) = \bigcup_{(x,y) \in M \times N} J^r(M^n, N^p; x, y)$$

と表すこともできます。$C^\infty(M^n, N^p)$ は真正面からは扱い切れないほど複雑な空間なのに対して，r 次ジェット空間まで落として考えると「多様体論」が使えるという便利さがあります。

$$\pi : J^r(M^n, N^p) \to M^n \times N^p,$$
$$\pi(x, f(x), j^r f_x) = (x, f(x))$$

は $J^r(n, p)$ をファイバーとするベクトル束になっています。さらに自然な射影 $M^n \times N^p \to M^n,\ (x, y) \mapsto x$ を合成して，ベクトル束 $J^r(M^n, N^p) \to M^n$ を得ますが，これを **r 次ジェット束**といいます。そこで，写像

$$j^r f : M^n \to J^r(M^n, N^p), \quad j^r f(x) = (x, f(x), j^r f_x)$$

を考えると，これは r 次ジェット束の切断になり，写像 f のジェット**拡大**といいます．

トムは，1952 年に自身で証明した元々の横断性定理の応用として，1956 年に次のジェット**横断性定理**を得ました：

定理 14.1 $\Sigma \subset J^r(M^n, N^p)$ を部分多様体とするとき，任意の $f \in C^\infty(M^n, N^p)$ は，$j^r g$ が Σ に横断的であるような $g \in C^\infty(M^n, N^p)$ で近似できる．

すると，陰関数定理と横断性の定義から，もしも $n < \mathrm{codim}\,\Sigma$ ならば任意の $f \in C^\infty(M^n, N^p)$ は，$j^r g \cap \Sigma = \emptyset$ であるような $g \in C^\infty(M^n, N^p)$ で近似できる，ということが従います．$J^r(M^n, N^p)$ は有限次元の多様体なので，余次元 $\mathrm{codim}\,\Sigma$ は確定した意味をもつことに注意してください．

あとは次元の計算だけで，r ジェット空間の中で写像の特異点論の基本的な部分が展開できます．実数を成分とする (p, n) 行列全体のベクトル空間を $M(p, n)$ で表します．1 ジェット $J^1(n, p)$ は，$j^1 f_0$ に対してヤコビ行列 $J_f(0) \in M(p, n)$ を対応させて，$M(p, n) \cong \mathbb{R}^{np}$ と同一視できます．よって，$J^1(\mathbb{R}^n, \mathbb{R}^p) = \mathbb{R}^n \times \mathbb{R}^p \times \mathbb{R}^{np}$ となります．そこで，

$$\Sigma^i = \{A \in M(p, n); \mathrm{rank}\,(A) = i\}$$

とおきます．このとき，$\mathbb{R}^n \times \mathbb{R}^p \times \Sigma^i \subset J^1(\mathbb{R}^n, \mathbb{R}^p)$ は，簡単な線形代数により $J^1(\mathbb{R}^n, \mathbb{R}^p)$ の余次元 $(n - i)(p - i)$ の部分多様体になります．

これで局所的な下準備が整いましたので，いよいよ写像の特異点論へ話を移行させます．

$$\Sigma^i(M^n, N^p) = \{j^1 f(x) \in J^1(M^n, N^p); \mathrm{rank}\,df(x) = i\}$$

とおきます．$\Sigma^i(M^n, N^p)$ は $J^1(M^n, N^p)$ の余次元 $(n - i)(p - i)$ の部分多様体になります．したがって，$S^i(f) = (j^1 f)^{-1}(\Sigma^i(M^n, N^p))$ は M^n の余次元 $(n - i)(p - i)$ の部分多様体になりますが，

$$S^i(f) = \{x \in M^n; \mathrm{rank}\,df(x) = i\}$$

188 第14章 沈めこみ写像とファイバー束

であったことを思い出してください. したがって, ジェット横断性定理より, 任意の $g \in C^\infty(M^n, N^p)$ は $S^i(f)$ が M^n の余次元 $(n-i)(p-i)$ の部分多様体となる $f \in C^\infty(M^n, N^p)$ で近似できることになります.

試しに, 前章のジェネリック写像 $f : M^4 \to \mathbb{R}^6$ の話に適用します. $S^3(f)$ の M^4 における余次元は $(4-3)(6-3) = 3$ ですから, $S^3(f)$ は 1 次元部分多様体になります. 一方, $S^2(f)$ の M^4 における余次元は $(4-2)(6-2) = 8 > 4$ ですから, 微分の階数が 2 となる特異点集合は一般に現れないとしてよいことになり, $S(f) = S^3(f)$ が成り立ちます.

問 14.2 ジェネリック写像 $f : M^4 \to \mathbb{R}^5$ に対して, その特異点集合 $S(f)$ が $S(f) = S^3(f)$ を満たし, 2 次元部分多様体であることを確かめよ.
(5 分以内で初段)

さて, 非負整数列 $I = (i_1, \ldots, i_k)$ をボードマン記号とします. I がある性質を満たす場合, $r \geq k$ のとき Σ^I という $J^r(M^n, N^p)$ の部分多様体が存在して, $f \in C^\infty(M^n, N^p)$ の r ジェット拡大が Σ^I に横断的であるとき, $S^I(f) = (j^r f)^{-1}(\Sigma^I)$ の M^n における閉包 $\overline{S^I(f)}$ が M^n の $\mathbb{Z}_2$ 係数のホモロジー類を表すことにトムは気づきました. $[\overline{S^I(f)}]_2 \in H_*(M^n; \mathbb{Z}_2)$ は写像 f のホモトピー類にしかよらないことがわかります. そこで, そのポアンカレ双対をとって, コホモロジー類に移行するとき, 特性類の原理から,

$$[\overline{S^I(f)}]_2^* = P^I(w_i(M^n), f^* w_j(N^p))$$

となります. ここで, $i = 1, \ldots, n; j = 1, \ldots, p$ であり, $P^I(x, y)$ は記号 I から定まる x と y の多項式を表します. これを特異点 Σ^I の**トム多項式**といいます.

一般のボードマン記号 I に対して, そのトム多項式を求めることは難しい問題ですが, トムが実行したように, $I = (i_1)$ に対しては比較的容易に計算できて, 写像 $f : M^n \to \mathbb{R}^p$ $(n \geq p)$ が与えられたとき, $j^1 f$ が $\Sigma^{i_1}(M^n, \mathbb{R}^p)$ に横断的ならば,

$$[S(f)]_2^* = w_{n-p+1}(M^n) \in H^{n-p+1}(M^n; \mathbb{Z}_2)$$

が成り立ちます. さらに, $p = 2$ の場合の考察も簡明で, ジェネリックな写

像 $f: M^n \to \mathbb{R}^2$ が与えられたとき, $(n-1)(2-1) = n-1$ なので $j^1 f$ は $\Sigma^1(M^n, \mathbb{R}^2)$ に横断的で, 特異点集合 $S(f) = (j^1 f)^{-1}(\Sigma^1(M^n, \mathbb{R}^2))$ は滑らかな曲線となり, 制限写像 $f|_{S(f)}: S(f) \to \mathbb{R}^2$ ははめ込み写像になります. このとき, 可能なボードマン記号は $I = (n-1)$, $(n-1,0)$, $(n-1,1)$ の 3 個であり, $I = (n-1,0)$ は折り目特異点, $I = (n-1,1)$ はカスプ特異点に対応します. トムは

$$[S^{(n-1,1)}(f)]_2^* = w_n(M^n) \in H^n(M^n; \mathbb{Z}_2)$$

を計算しましたが, コホモロジー群の定義から $w_n \in H^n(M^n; \mathbb{Z}_2) = \mathrm{Hom}(H_n(M^n), \mathbb{Z}_2)$ であり, $\chi(M^n) \equiv w_n[M^n] \pmod 2$ が成り立つので, カスプ特異点の個数の偶奇はそのオイラー標数に一致するという結果にもなります. ここで, $[M^n] \in H_n(M^n)$ は生成元を表します.

14.3 ファイバー束

写像の正則点理論の発展した話題で, ベクトル束の拡張であるファイバー束について解説します. おそらく, 人類が最初に出会った非自明なファイバー束は, 1931 年にホップ (H. Hopf) によって発見されたホップ・ファイブレーションでしょう. その由緒正しさを示す証拠に, 理論物理学においてもほぼ同時期にディラックが単極子 (monopole) 方程式の解として記述を与えていたという事実もあります.

ホップ・ファイブレーションとは, 次のようなものです：微分可能写像 $f: \mathbb{R}^4 \to \mathbb{R}^3$ を, $\boldsymbol{x} = (x, y, z, w) \in \mathbb{R}^4$ に対して

$$f(\boldsymbol{x}) = (x^2 + y^2 - z^2 - w^2, 2(xw + yz), 2(yw - xz))$$

で定義します. 明らかに, 原点を除いて微分の階数が 2 以上の写像です. そこで, $f(\boldsymbol{x}) = (f_1(\boldsymbol{x}), f_2(\boldsymbol{x}), f_3(\boldsymbol{x}))$ とおくとき, 定義域を単位球面 $S^3 = \{\boldsymbol{x} \in \mathbb{R}^4;\ |\boldsymbol{x}| = 1\}$ に制限すると,

$$
\begin{aligned}
&\{f_1(\boldsymbol{x})\}^2 + \{f_2(\boldsymbol{x})\}^2 + \{f_3(\boldsymbol{x})\}^2 \\
&= (x^2 + y^2 - z^2 - w^2)^2 + \{2(xw + yz)\}^2 + \{2(yw - xz)\}^2 \\
&= (x^2 + y^2 + z^2 + w^2)^2 = |\boldsymbol{x}|^2 = 1
\end{aligned}
$$

を得るので, 制限写像 $f|_{S^3}$ の像は 2 次元球面になります. つまり, $f|_{S^3}$:

190 第 14 章 沈めこみ写像とファイバー束

$S^3 \to S^2$ は沈めこみ写像で，任意の $q \in S^2$ に対して，$f^{-1}(q) \cong S^1$ となっています．

問 14.3 $f|_{S^3} : S^3 \to S^2$ は沈めこみ写像で，任意の $q \in S^2$ に対して，$f^{-1}(q) \cong S^1$ であることを確かめよ．　　　(15 分以内で初段)

ファイバー束というのは多様体 B の各点の上にファイバーとよばれる別の多様体 F が整然と束ねられてできる多様体 E のことをいいます．もう少し数学的に言うと，沈めこみ写像 $\pi : E \to B$ が存在し，任意の $b \in B$ に対して，$\pi^{-1}(b) = F$ となることです．B を**底空間**，E を**全空間**とよび，'B 上の F 束' とよぶこともあります．最も簡単なのは，$E = B \times F$ のときで，$\pi : E \to B$，$\pi(b, x) = b$ と定めるとファイバー束になっていて，これを**自明束**といいます．ファイバー F がベクトル空間の構造をもつときは，ベクトル束になりますから，ファイバー束はベクトル束の拡張になっています．

ファイバー束という命名は 20 世紀に入ってからのものですが，簡単なファイバー束はすでに 19 世紀の数学の中に自然に存在していました．例えば，複素関数 $f(z) = z^2$ は典型的なものです．定義域を単位円周 $S^1 = \{z \in \mathbb{C}; |z| = 1\}$ に制限すると，$z = x + iy$ とおいて同一視 $x + iy \mapsto (x, y)$ により

$$\pi : S^1 \to S^1, \quad \pi(x, y) = (x^2 - y^2, 2xy)$$

が沈めこみ写像を与えます．ファイバーは $S^0 \cong \mathbb{Z}_2$ です．これは，$z^2 = x^2 - y^2 + 2xyi$ ですから，複素数の 2 乗の実部と虚部をとってできる (二重被覆) 写像です．$x = \cos\theta$，$y = \sin\theta$ とおくと，三角関数の 2 倍角公式より

$$\pi(\cos\theta, \sin\theta) = (\cos^2\theta - \sin^2\theta, 2\sin\theta\cos\theta) = (\cos 2\theta, \sin 2\theta)$$

とも書けます．

問 14.4 上で定義された

$$f : \mathbb{R}^2 \to \mathbb{R}^2, \quad f(x, y) = (x^2 - y^2, 2xy)$$

を S^1 に制限すると，沈めこみ写像 $f : S^1 \to S^1$ を与えることを示せ．さらに任意の $q \in S^1$ に対して，$f^{-1}(q)$ を求めよ．　　(10 分以内で初段)

さらに，四元数と八元数の構造を用いて，ファイバー束 $\pi: S^7 \to S^4$ と $\pi: S^{15} \to S^8$ が定義されます．それぞれのファイバーは S^3, S^7 で，四元数および八元数による単位球面として記述されます．これらをすべて**ホップ・ファイブレーション**といいます．ホップ・ファイブレーションの発見は，自然に次の問題を喚起します：$m > n$ とします．

球面のファイバー束実現問題　m 次元球面 S^m が球面をファイバーとする n 次元球面 S^n 上のファイバー束となる次元の組 (m, n) を決定せよ．

写像の正則点理論の枠組みで述べると

沈めこみ写像 $S^m \to S^n$ でファイバーが球面となる次元の組 (m, n) を決定せよ

となりましょう．その解として，スチーンロッド著『ファイバー束のトポロジー』(吉岡書店) の §28 には，次のような定理が証明されています．

m 次元球面 S^m が球面をファイバーとする n 次元球面 S^n 上のファイバー束ならば，$(m, n) = (2n - 1, n)$ である．

この結論から，必然的にファイバーは S^{n-1} となります．可能な n の取り方も決定されていて，$n = 1, 2, 4, 8$ に限ることがわかっています．これらのファイバー束は明らかに自明束ではないので，n 次元球面 S^n を底空間とし，ファイバーを球面とするファイバー束の全空間が再び球面となるように，'うまく捻って' 沈めこみ写像がつくれるのは，ファイバーが $n-1$ 次元球面 S^{n-1} のときに限るということを教えてくれます．この 'うまく捻って' は，もう少し正確には '1 回捻って' という意味で，もちろん 0 回捻りは自明束になります．

　S^{n-1} をファイバーとし S^n を底空間とする '2 回捻った' ファイバー束は，$(\boldsymbol{x}, \boldsymbol{v}) \in \mathbb{R}^{n+1} \times \mathbb{R}^{n+1}$ に対して，

$$E = \{|\boldsymbol{x}| = |\boldsymbol{v}| = 1,\ \langle \boldsymbol{x}, \boldsymbol{v} \rangle = 0\}$$

で定義される $(2n - 1)$ 次元閉多様体のことです．この '2 回捻り' について以下で説明します．この E はシュティーフェル多様体 $E = V_2(\mathbb{R}^{n+1})$ にほかなりませんね．沈めこみ写像は $\pi: E \to S^n$, $\pi(\boldsymbol{x}, \boldsymbol{v}) = \boldsymbol{x}$ で定義されま

192　第 14 章　沈めこみ写像とファイバー束

す．ファイバーは S^{n-1} です．次元 n で E は決まるので，$E = E(n)$ と書くことにします．$E(n)$ のホモロジー群を計算すると，$n = 2k$ のとき，

$$
H_q(E(n)) = \begin{cases} \mathbb{Z} & (q = 0, 4k - 1) \\ \mathbb{Z}_2 & (q = k) \\ 0 & \text{その他} \end{cases} \tag{1}
$$

$n = 2k + 1$ のとき，

$$
H_q(E(n)) = \begin{cases} \mathbb{Z} & (q = 0, 2k, 2k + 1, 4k - 1) \\ 0 & \text{その他} \end{cases} \tag{2}
$$

となりますから，いずれにしても全空間 $E(n)$ は球面とは異なるホモロジー群をもつので S^{2n-1} と同相ではありません．

問 14.5　(1) と (2) のホモロジー群の計算結果を確かめよ．

(40 分以内で五段)

---

　2 回捻りの意味を説明するために，「球面のファイバー束実現問題」と密接に関連するホモトピー群の定義とその計算をまずは概観しましょう．X, Y を位相空間とします．2 つの連続写像 $f, g : X \to Y$ が**ホモトープ**であるとは，連続写像 $F : X \times [0, 1] \to Y$ が存在して

$$
F(x, 0) = f(x), \quad F(x, 1) = g(x)
$$

が任意の $x \in X$ について成り立つときをいいます．ホモトープというのは，X から Y への連続写像全体の集合の中で同値関係になります．そこで，この同値関係による商集合を $[X, Y]$ で表し，位相空間 X から Y への**ホモトピー集合**といいます．$[X, Y]$ の元，すなわち同値類のことを**ホモトピー類**といいます．

　一般に，$[X, Y]$ は単に集合にすぎませんが，X や Y として特別な位相空間を選ぶと群になります．例えば，$X = S^n$（n 次元球面）とすると群になることが容易に確かめられるので，$\pi_n(Y) = [S^n, Y]$ とおいて，これを位相空間 Y の **n 次ホモトピー群**といいます．特に，$n = 1$ のときを**基本群**といいます．

　位相空間 X に対して，基本群 $\pi_1(X)$ は非可換群になり得ますが，$n \geqq 2$ のときホモトピー群 $\pi_n(X)$ はいつでも可換群です．

例えば上で述べたホップ・ファイブレーションと関わるホモトピー群の計算結果として

$$\pi_3(S^2) \cong \mathbb{Z}, \quad \pi_7(S^4) \cong \mathbb{Z} \oplus \mathbb{Z}_{12},$$
$$\pi_{15}(S^8) \cong \mathbb{Z} \oplus \mathbb{Z}_{120}$$

などが知られています．ホップ・ファイブレーションが $\mathbb{Z}$ 部分の生成元を与えています．'1 回捻り'は生成元を与えることに対応します．

さて，いよいよ '2 回捻り' を説明しますが，簡単のため絵が描ける沈めこみ写像 $\pi : E(2) \to S^2$ (S^2 上の S^1 束) を例にとります．実は前章でブローアップの操作のところで解説した内容と密接に関係します．まずは底空間 S^2 を北半球 D_N と南半球 D_S の 2 つの円板に分けます．

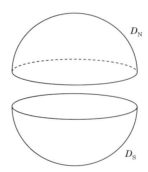

図 14.1 北半球 D_N と南半球 D_S

これらの円板は 1 点とホモトピー同値なので，その上の S^1 束は自明束です．D_N と D_S はともに 2 次元円板 D^2 に同相なので，$E(2) = D^2 \times S^1 \cup_\partial S^1 \times D^2$ と表せます．ここで，記号 $\cup_\partial$ は境界の 2 次元トーラス $S^1 \times S^1$ に沿って貼りあわせることを意味します．$S^1 \times D^2$ はソリッド・トーラスですから，これを 2 つ用意して貼りあわせると $E(2)$ ができます．$E(2)$ の 1 次元ホモロジー群は $H_1(E(2)) \cong \mathbb{Z}_2$ でした．

貼りあわせの微分同相写像を $h : S^1 \times S^1 \to S^1 \times S^1$ とします．この h で貼りあわせてできるものを

$$E_h = D^2 \times S^1 \cup_h S^1 \times D^2$$

と置くことにします．h を恒等写像にとると，$S^1 \times S^2 = D^2 \times S^1 \cup_{\mathrm{id}} S^1 \times D^2$ となるので，$H_1(S^1 \times S^2) \cong \mathbb{Z}$ ですから，$E(2)$ とは異なるものができます．実は $h_1(x,y) = (y,x)$ で貼りあわせると，これはホップ・ファイブレーションで $E_{h_1} \cong S^3$ となります．

> **問 14.6** $h_1(x,y) = (y,x)$ で貼りあわせると，これはホップ・ファイブレーションであり，$E_{h_1} \cong S^3$ となることを示せ．(40分以内で四段)

$H_1(S^1 \times S^1) \cong \mathbb{Z} \oplus \mathbb{Z}$ でしたから，h から誘導される準同型写像を $h_*: \mathbb{Z} \oplus \mathbb{Z} \to \mathbb{Z} \oplus \mathbb{Z}$ と書くと，
$$h_*(\alpha, \beta) = \begin{pmatrix} a & b \\ c & d \end{pmatrix} \begin{pmatrix} \alpha \\ \beta \end{pmatrix}$$
と書けます．ただし，h が微分同相写像なので，$ad - bc = \pm 1$ が成り立ちます．ここで，$H_1(S^1 \times S^1)$ の標準的生成元を図 14.2 のようにとります：

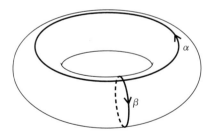

図 14.2 標準的生成元

さらに円周 α がトーラス上で m 回回転して巻き付くような同相写像を h_m とします．図 14.3 は 3 回捻りの図です．

こうしてできる E_{h_m} が一般に m 回捻りでできる S^2 上の S^1 束の構成の仕方です．

$m = 0$ ならば行列は単位行列で，h_m は恒等写像になり $E_{\mathrm{id}} = (D^2 \cup_{\mathrm{id}} D^2) \times S^1 = S^2 \times S^1$ になるのはただちにわかることです．$m = 1$ がホップ・ファイブレーション，そして $m = 2$ のときが $E(2)$ となります．これが '2 回捻り' の意味です．

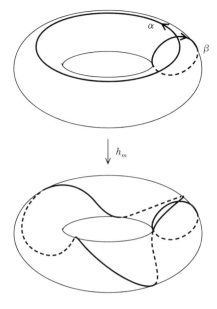

図 14.3　3 回捻りの図

最後にさらなる演習問題を残します．

> **問 14.7**　球面から実射影空間への自然な射影 $\pi: S^n \to \mathbb{R}P^n$ は S^0 をファイバーとする沈めこみ写像であることを示せ．　（10 分以内で三段）

第15章 コボルディズム理論

いよいよ最終章となりました．最後にコボルディズム理論の知識を獲得すれば，超モース理論の装備が整ったことになります．

まずは前章までの内容の復習を兼ねた演習問題を提示します：

□**問題 15.1**　前章に解説した n 回捻りの S^2 上の S^1 束 $\pi : E_n \to S^2$ のファイバー S^1 の膜を埋めてできる，2次元円板 D^2 束を $\pi : D_n \to S^2$ とする．このとき，$\mathbb{C}P^2 = D_1 \cup_\partial D^4$, $\mathbb{C}P^2 \sharp \mathbb{C}P^2 = D_1 \cup_\partial D_1$ が成り立つことを示せ．
(1時間以内で五段)

□**問題 15.2**　球面のホモトピー群に関して，$\pi_4(S^2) \cong \mathbb{Z}_2$, $\pi_4(S^3) \cong \mathbb{Z}_2$ であることが知られている．この群の生成元を記述する微分可能写像 $S^4 \to S^2$ と $S^4 \to S^3$ を求めよ．
(1時間以内で五段)

15.1　はじめに

私は学部1年のときに，一般教養科目で「心理学」を受講しました．大変面白い授業で，その後の2年間は数学の勉強はそっちのけで心理学関係の書籍を数十冊読み漁った記憶があります．その講義で学んだことですが，心理学では，"personal space" という用語があり，人間は個々にこの「個人的空間」を暗黙の裡に設定していることを知りました．例えば，私たちが電車に乗ったとき，車内が空いていると各個人の「空間」は広めに設定され，混んでいると自分の領域は狭まり，車内が寿司詰め状態ならば自分を中心にしたほんのわずかな円の内部が自分の「空間」になります．ガラガラに空いた車

内で座っているとしましょう．次の停車駅では，おそらく見知らぬ他人が乗車してきます．しかし，もしもその他人があなたのすぐ隣に座りでもすると，どのように感じるでしょうか．当然，この人は自分の知り合いかどうかを判断するために，顔を覗き見るはずです．顔を見て他人と判断したならば，あなたの心理は大きく乱れます．「個人的空間」が侵犯されたと判断し，その人の心理状態は不安定になるのが当たり前です．すると必然的にあなたは席を少し移動して，その人と自分の間に一定の距離をつくることでしょう．この領域が personal space です．

心が安定する領域，つまり数学的に言うと自分を中心とする近傍が存在するわけで，心理というのは自然に位相が定まっているのです．心が不安定になる境界領域もあるわけで，その境界への距離は暗黙の裡に定まっています．私は学部 3 年の「幾何学」の講義で，安定写像の定義を学んだときに，この personal space をイメージしました．

さて，この心理学のある日の講義で，先生がとても興味深い提案をされました．確かこのように言われました：

「君たちは将来，結婚して家庭をもつだろう．もしも結婚して 30 年経っても，君たちの奥さんが若いときのままだったら，嬉しいだろう．それを実現したいなら，こうしてみなさい．毎日，奥さんの目を見てこう言いなさい：『君は美しいね，可愛いね』．たとえウソでも女性はこの言葉に弱い．実際，この言葉は女性の心理に作用して，体内のホルモン分泌を促し，日に日に若返る．これを取りあえず 30 年続けてごらんなさい．君たちの傍らには 30 年後美しい女性がいることになる！」

この後，なぜそうなるかを心理学および医学的見地から解説してくれました．これを聞いて，私は単純にも「よし，やってみよう！」と決意しました．

ところで，私は本書のもとになった連載執筆の最中の 2017 年 1 月に，結婚 30 周年を迎えました．私のこの実験はうまくいったでしょうか？

美しいか否かというのは，数学的に定義するのはきわめて困難な概念です．人間の美しさを客観的に評価するすべは存在しないと思われます．ですから実験結果の成否は，あくまで観察する個々の主観に委ねられることになるでしょう．

198   第 15 章　コボルディズム理論

15.2　コボルディズム群の単位元

　はめ込み写像のホモトピー原理と関連して，複素射影平面 $\mathbb{C}P^2$ が $\mathbb{R}^6$ に
はめ込み不可能であることを考察しました．すなわち，ジェネリックな写像
$f : \mathbb{C}P^2 \to \mathbb{R}^6$ には解消不可能な特異点が存在するのでした．一方，ホイッ
トニーのはめ込み写像の存在定理によると，$\mathbb{C}P^2$ は $\mathbb{R}^7$ にはめ込み可能なの
で，「7 次元」ははめ込み可能な最低次元であることがわかります．それでは，

　　　　　埋め込み写像の最低次元はいくつでしょうか？

再び，『岩波数学辞典』の付録を捲ると，この問いの答えが，はめ込みの場
合と同じく「7 次元」であることがわかります．$\mathbb{R}^6$ にはめ込み不可能であ
るので，もちろん埋め込みも不可能です．では，この事実をはめ込み写像
のホモトピー原理には依らずに判定する (手軽な) 方法はないでしょうか．
実は，次のことが示せます：

　　　　　向きづけ可能な n 次元閉多様体 M^n が $\mathbb{R}^{n+2}$ に埋め込み可能なら
　　　　　ば，M^n は境界多様体である！

　新しい用語「境界多様体」が出てきたので，その定義を与えます．M^n が
境界多様体であるとは，ある $(n+1)$ 次元のコンパクトな多様体 W^{n+1} が存
在して，$\partial W^{n+1} = M^n$ となるときをいいます．W^{n+1} のことを**ザイフェル
ト膜**とよぶことがあります．

　さて，ジェネリックな写像 $f : \mathbb{C}P^2 \to \mathbb{R}^6$ を埋め込み写像に変形するため
の (はめ込み写像のホモトピー原理に依らない) 障害は何か，ということで
すが，ここまで本書を丁寧にお読みの読者はもうおわかりですね．境界多様
体になるための必要条件ですが，次の命題

　　　　　M^n が境界多様体であるならば，そのオイラー標数は偶数でなけれ
　　　　　ばならない！

が示せます．この証明は簡単ですので演習問題として提示します：

　問 15.1　M^n は境界多様体なので，$\partial M^n = W^{n+1}$ となるコンパク
　トな $(n+1)$ 次元多様体 W^{n+1} が存在する．そこでダブル $X^{n+1} = W^{n+1} \cup_\partial W^{n+1}$ に対して，
$$\chi(X^{n+1}) = 2\chi(W^{n+1}) - \chi(M^n)$$
　が成り立つこと，および M^n のオイラー標数は偶数であることを示せ．

　　　　　　　　　　　　　　　　　　　　　　　　　(10 分以内で二段)

$\mathbb{C}P^2$ の $\mathbb{R}^6$ への埋め込み不可能性の話に戻しましょう．$H_*(\mathbb{C}P^2) \cong \mathbb{Z}$ ($* = 0, 2, 4$) であり，その他の次元では自明群でしたから，オイラー標数を求めると $\chi(\mathbb{C}P^2) = 3 \equiv 1 \pmod 2$ となるので，$\mathbb{C}P^2$ が境界多様体には成り得ないことが従います．よって，$\mathbb{C}P^2$ の $\mathbb{R}^6$ への埋め込みは不可能であることがわかりました．

さて，向きづけ可能な種数 g の閉曲面 Σ_g は，埋め込み $\Sigma_g \to \mathbb{R}^3$ が存在するので，境界多様体であることは明らかです．一方，実射影平面 $\mathbb{R}P^2$ は $\chi(\mathbb{R}P^2) = 1$ なので境界多様体には成り得ませんが，クラインの壺はソリッド・クラインの壺の境界なので，境界多様体です．2 次元では，オイラー標数の偶奇で境界多様体であるか否かが完全に特徴づけられます．さらに，「任意の向きづけ可能な 3 次元閉多様体 M^3 は境界多様体である」ことが示せますが，これは位相幾何学的にかなり難しい問題です．この事実を最初に証明したのは，ロシアの数学者ロホリン (V. A. Rochlin) で，1951 年のことでした．現在ではこの事実のさまざまな別証明も知られていますが，写像の特異点理論を用いた証明が数年前に佐伯修氏により発見されました．ジェネリック写像 $f : M^3 \to \mathbb{R}^2$ の特異ファイバーの分類に基づいた議論です．大変興味深い考察を豊富に含んだ内容なので，触れたいのは山々なのですが，本書のレベルを超えるため，もしも将来「発展編」を書く機会に恵まれたら真っ先に解説したい内容です．

ここで，第 6 章で定義したコボルディズム群 Ω_n を思い出してください．境界多様体とは，コボルディズム群 Ω_n の単位元のことです．したがって上での議論から，$\mathbb{C}P^2$ は Ω_4 の単位元には成り得ません．実は，$\Omega_4 \cong \mathbb{Z}$ の生成元になっています．このことを確かめるために，「特性数」の定義が必要となります．

まずは，M^n を連結な n 次元閉多様体とします．すると，その $\mathbb{Z}_2$ 係数の n 次元ホモロジー群は，$H_n(M^n; \mathbb{Z}_2) \cong \mathbb{Z}_2$ ですが，その生成元を $[M^n]_2 \in H_n(M^n; \mathbb{Z}_2)$ と書きます．任意のコホモロジー類 $u \in H^n(M^n; \mathbb{Z}_2)$ は，準同型写像なので，$\langle u, [M^n]_2 \rangle = u[M^n] \in \mathbb{Z}_2$ が定まります．これを**クロネッカー積**といいますが，いままでの議論でも何度か登場してきました．

200 第 15 章 コボルディズム理論

続いて，細分列とその記法を説明します．非負整数からなる列 $J = (j_1, j_2, \ldots, j_m)$ が

$$n = j_1 + 2j_2 + 3j_3 + \cdots + mj_m \quad (m \leqq n)$$

を満たすとき，n の細分列といいます．例えば，$n = 3$ のとき，$J = (3), (1,1), (0,0,1)$ の 3 通りの細分列が存在します．自然数 n が与えられたとき，n の細分列の個数を $d(n)$ と表します．

J を自然数 n の細分列とします．連結な n 次元閉多様体 M^n に対して，クロネッカー積を用いて

$$w_J(M^n) = \langle (w_1)^{j_1}(w_2)^{j_2} \cdots (w_n)^{j_n}, [M^n]_2 \rangle \in \mathbb{Z}_2$$

と定義します．ここで，w_i は i 次シュティーフェル-ホイットニー類です．この数 $w_J(M^n)$ を M^n の細分列 J に関する**シュティーフェル-ホイットニー数**といいます．特に，$J = (0, \ldots, 0, 1)$ に関する数は，

$$w_J(M^n) = \langle w_n, [M^n]_2 \rangle \equiv \chi(M^n) \pmod 2$$

なので，オイラー標数の偶奇はシュティーフェル-ホイットニー数の定義に含まれています．例えば，実射影空間 $\mathbb{R}P^n$ に対して，シュティーフェル-ホイットニー数を求めてみましょう．まずは，$\alpha \in H^1(\mathbb{R}P^n; \mathbb{Z}_2) \cong \mathbb{Z}_2$ を生成元とするとき，$\langle \alpha^n, [\mathbb{R}P^n]_2 \rangle = 1$ であることに注意します．すると，$w_i(\mathbb{R}P^n) = \binom{n+1}{i} \alpha^i$ でしたから，

$$w_J(\mathbb{R}P^n) = \binom{n+1}{1}^{j_1} \cdots \binom{n+1}{n}^{j_n} \pmod 2$$

が成り立ちます．特に，n が奇数のとき，二項係数の性質を用いて任意の細分 J に関して，$w_J(\mathbb{R}P^n) = 0$ であることがわかります．

> **問 15.2** n が奇数のとき，任意の細分 J に関して，$w_J(\mathbb{R}P^n) = 0$ が成り立つことを示せ． (15 分以内で初段)

この特性数はもっとはるかに大域的な情報を持ち合わせているのが，次の定理の主張から読み取れます：

定理 15.1 (ポントリャーギン-トム)　M^n が境界多様体となるための必要十分条件は，任意の細分 J に関して $w_J(M^n) = 0$ となることである．

これは，トムのコボルディズム理論の基本定理の役割を果たします．必要条件の証明がポントリャーギンによって，十分条件の証明がトムによって与えられました．必要条件の証明の方は比較的易しいのですが，空間対 (W^{n+1}, M^n) に関する (コ) ホモロジー群の定義と (コ) ホモロジー群の完全系列の知識が必要となります．十分条件の証明の方は，必要条件に比べてはるかに難しく，横断性定理による解析とトム複体という新しい空間の導入およびその (安定) ホモトピー群の計算等，斬新なアイデアを駆使して超大域的な議論に基づいて証明されます ([8] を参照)．

境界多様体であるというのは幾何学的な条件であり，任意の細分に関する特性数が消えるというのは代数的な条件です．この場合，「境界多様体である」というのは強い仮定なので，幾何的条件から代数的条件を証明するのは容易なのですが，逆向きの代数から幾何を示すのは難しいのです．

定理 15.1 の証明をここで与えるのは断念して，この事実が実際に成り立つ多様体の例を確かめてみましょう．同時に，コボルディズム理論のアイデアの理解にも役立ちます．問 15.2 より，n が奇数のとき実射影空間 $\mathbb{R}P^n$ に対して，代数的な条件は満たされることが確かめられます．そこで，幾何的結論「n が奇数のとき，$\mathbb{R}P^n$ は境界多様体である」が得られることを確かめましょう．$n = 2m + 1$ とおきます．実射影空間は，ある同値関係に基づく商空間として定義されたことを思い出してください．任意の点は比を用いた表記で，

$$\boldsymbol{x} = [x_0 : x_1 : \cdots : x_{2m} : x_{2m+1}] \in \mathbb{R}P^{2m+1}$$

と斉次座標により表されます．このとき，写像 f を

$$f(\boldsymbol{x}) = [x_0 + ix_1 : \cdots : x_{2m} + ix_{2m+1}] \in Y$$

と定義します．ここで，$i = \sqrt{-1}$ は虚数単位です．

任意の点が複素数による斉次座標で表される Y はどんな空間でしょうか？　$Y = \mathbb{C}P^m$ であることは容易にわかりますね．さらに，写像 f :

$\mathbb{R}P^{2m+1} \to \mathbb{C}P^m$ が沈めこみ写像になっていることが確かめられます. 定義域は $(2m+1)$ 次元で, 値域が $2m$ 次元なので, 沈めこみ写像 f は S^1 束であること, すなわち任意の $\boldsymbol{y} = [x_0 + ix_1 : \cdots : x_{2m} + ix_{2m+1}] \in \mathbb{C}P^m$ に対して, $f^{-1}(\boldsymbol{y}) = S^1$ であることがわかります.

問 15.3　写像 $f : \mathbb{R}P^{2m+1} \to \mathbb{C}P^m$ が沈めこみ写像であり, 任意の $\boldsymbol{y} \in \mathbb{C}P^m$ に対して, $f^{-1}(\boldsymbol{y}) = S^1$ であることを示せ.

(30 分以内で三段)

　$f : \mathbb{R}P^{2m+1} \to \mathbb{C}P^m$ が S^1 束であることがわかったので, その各ファイバー S^1 に膜を張って, 2 次元円板 D^2 束である $\overline{f} : E \to \mathbb{C}P^m$ が構成できます. 余談ですが私はこの構成の仕方から, 子供のころのシャボン玉遊びを思い出します. 円形の針金を石鹸水で満たされたバケツに浸して, 取り出すと針金に沿って石鹸膜が貼られている情景です. それはさておき, こうしてできた E はコンパクトで境界をもつ $(2m+2)$ 次元の多様体になっていて, 明らかに $\partial E = \mathbb{R}P^{2m+1}$ を満たします. これで, n が奇数のとき $\mathbb{R}P^n$ が境界多様体であることが確かめられました.

　折角なので, $n = 3$ のときの特性数を計算してみます. M^3 を向きづけ可能な 3 次元閉多様体とします. この場合のシュティーフェル-ホイットニー数は

$$w_{(3)}(M^3), \quad w_{(1,1)}(M^3), \quad w_{(0,0,1)}(M^3)$$

の 3 つであって, 向きづけ可能性から, $w_1(M^3) = 0$ を得るので最初の 2 つは消えています. また, $w_{(0,0,1)}(M^3) = \chi(M^3) = 0$ なので, 結局すべての特性数が消えることが計算できました. したがって, 定理 15.1 よりロホリンの証明した「任意の向きづけ可能な 3 次元閉多様体 M^3 は境界多様体である」ことが従います.

15.3　コボルディズム群の生成元

　コボルディズム群 Ω_n の定義において, 多様体の向きづけは本質的役割を果たしましたが, 向きづけを無視して考えることも可能です. そうして得ら

れるものを，n 次元**無向コボルディズム群** といい，$\mathfrak{N}_n$ と書きます．違いを明確にするために，Ω_n を n 次元**有向コボルディズム群** とよびます．

すでに触れたように，無向コボルディズム群は，$\mathbb{Z}_2$ 上のベクトル空間の構造をもち，$\dim_{\mathbb{Z}_2} \mathfrak{N}_n = d(n)$ が成り立ちます．例えば，$\mathfrak{N}_2 \cong \mathbb{Z}_2$ で，$[\mathbb{R}P^2]$ が生成元をなします．ここで，$[\mathbb{R}P^2]$ の括弧は実射影平面のコボルディズム類を表します．さらに，$d(3) = 3$, $d(4) = 4$, $d(5) = 6$ 等ですから，次元が上がるにつれてコボルディズム群の次元も増えていきます．それぞれの次元の生成元の簡単な構成法が 1956 年にドルド (A. Dold) によって与えられました．m 次元球面 S^m と n 次元複素射影空間 $\mathbb{C}P^n$ の直積 $S^m \times \mathbb{C}P^n$ において，同一視 $(x, z) \sim (-x, \bar{z})$ によって得られる商空間を $P(m, n) = S^m \times \mathbb{C}P^n / \sim$ で表します．$P(m, n)$ は $(m + 2n)$ 次元閉多様体で，向きづけ可能となる必要十分条件は，$m = 0$ または $m + n$ が奇数であることがわかります．正整数 s を用いて，$k + 1 = 2^r(2s + 1)$ とおくとき，

$$
P(k) = \begin{cases} \mathbb{R}P^k = P(k, 0) & (k：偶数) \\ P(2^r - 1, s \cdot 2^r) & (k：奇数) \end{cases}
$$

と定め，k 次元**ドルド多様体**といいます．k 次元ドルド多様体 $P(k)$ のコボルディズム類を $[P(k)]$ と書くとき，$k = 2, 4, 5, 6, \ldots$ に対して $[P(k)]$ は無向コボルディズム群 $\mathfrak{N}_k$ の生成元となります．

多様体の向きを忘れるという自然な写像 $\varphi : \Omega_n \to \mathfrak{N}_n$ は加群の準同型写像になります．任意の n 次元閉多様体 M^n に対して，$W^{n+1} = M^n \times [0, 1]$ を考えると $\partial W^{n+1} = M^n \cup M^n$ なので，M^n は自分自身と無向コボルダントですから，$2[M^n] = [M^n \cup M^n] = 0$ が成り立ちます．したがって，$\mathrm{Ker}(\varphi) = 2\Omega_n$ です．

6.3 節で述べたように，n 次元有向コボルディズム群 Ω_n は $\mathbb{Z}$ と $\mathbb{Z}_2$ の有限個の直和の構造をもちますが，上のことから $\Omega_n = 0 \iff n = 1, 2, 3, 6, 7$ であり，$\Omega_n \neq 0$ $(n \geqq 8)$ がわかります．特に，$n = 4k$ のとき Ω_n は $\mathbb{Z}$ の有限個の直和の構造をもちます．例えば，$\Omega_4 \cong \mathbb{Z}$ ですが，複素射影平面 $\mathbb{C}P^2$ のコボルディズム類が生成元をなします．$\mathbb{C}P^2$ が境界多様体ではない，すなわち単位元ではないことは前節で見た通りですが，生成元になることを見るには，$\Omega_4 \cong \mathbb{Z}$ の同型写像の記述が不可欠です．これにはもう一つの特性

数であるポントリャーギン数が必要となるので，次節で解説します．ちなみに，$\Omega_8 \cong \mathbb{Z} \oplus \mathbb{Z}$ ですが，4 次元複素射影空間 $\mathbb{C}P^4$ と四元数射影平面 $\mathbb{H}P^2$ が各々の生成元となります．符号数公式との関わりで，これも次節で解説します．

15.4 符号数公式

シュティーフェル-ホイットニー数の定義と同様にして，$n = 4m$ のとき向きづけられた連結な n 次元閉多様体 M^n に対して定まるポントリャーギン類 $p_k \in H^{4k}(M^n; \mathbb{Z})$ を用いて，細分 J に関してポントリャーギン数 $p_J(M^n) \in \mathbb{Z}$ が定義されます．クロネッカー積を用いて，例えば 4 次元では $\langle p_1, [M^4] \rangle$ のみ，8 次元では $\langle p_1^2, [M^8] \rangle$ と $\langle p_2, [M^8] \rangle$ の 2 つのポントリャーギン数があります．

シュティーフェル-ホイットニー数の場合と同様に，$n = 4m$ のとき向きづけられた n 次元閉多様体 M^n が境界多様体ならば，任意の細分 J に関して，$p_J(M^n) = 0$ となります．多様体 M^n の向きを逆にしたものを $-M^n$ と書くと，任意の細分 J に関して，$p_J(-M^n) = -p_J(M^n)$ が成り立ち，2 つの閉多様体 M_1^n, M_2^n に対して，$p_J(M_1^n \cup M_2^n) = p_J(M_1^n) + p_J(M_2^n)$ と定めれば，$[M_1^n] = [M_2^n]$（M_1^n, M_2^n がコボルダント）ならば，$p_J(M_1^n) = p_J(M_2^n)$ が成り立ちます．よって，写像 $p_J : \Omega_n \to \mathbb{Z}$ を $p_J([M^n]) = p_J(M^n)$ と定義すると，これは well-defined であり，準同型写像になります．

具体的に計算するためには，多様体のポントリャーギン類を求めておく必要があります．実射影空間のシュティーフェル-ホイットニー類を求めた議論の類似により，n 次元複素射影空間 $\mathbb{C}P^n$ に対して，

$$p_k(\mathbb{C}P^n) = \binom{n+1}{k} \alpha^{2k} \in H^{4k}(\mathbb{C}P^n; \mathbb{Z}) \cong \mathbb{Z}$$

が成り立ちますが，全ポントリャーギン類の公式で書くと，$p(\mathbb{C}P^n) = (1 + \alpha^2)^{n+1}$ となります（[8] の第 15 章参照）．ここで，$\alpha \in H^2(\mathbb{C}P^n; \mathbb{Z}) \cong \mathbb{Z}$ は生成元です．

また，四元数射影空間 $\mathbb{H}P^n$ に対して，全ポントリャーギン類について

$$p(\mathbb{H}P^n) = \frac{(1 + u)^{2n+2}}{1 + 4u}$$

が成り立ちます ([8] の問題 20-A の解答を参照). ここで, $u \in H^4(\mathbb{H}P^n; \mathbb{Z}) \cong \mathbb{Z}$ は生成元です.

問 15.4 任意の細分 $J = (j_1, \ldots, j_n)$ に関して, $p_J(\mathbb{C}P^{2n})$ の値を求めよ.

また, 四元数射影平面 $\mathbb{H}P^2$ に対して,

$$p_1(\mathbb{H}P^2) = 2u, \quad p_2(\mathbb{H}P^2) = 7u^2$$

であることを示せ. (20 分以内で二段)

M^{4m} を向きづけられた $4m$ 次元閉多様体とします. このとき, T をねじれ部分群とすると, 有限生成加群の基本定理から $H^{2m}(M^{4m}; \mathbb{Z})/T$ は $\mathbb{Z}$ の有限個の直和になります. 簡単のため, $V = H^{2m}(M^{4m}; \mathbb{Z})/T$ とおいて, クロネッカー積を用いて, 内積 $f : V \times V \to \mathbb{Z}$ が $f(\alpha, \beta) = \langle \alpha\beta, [M^{4n}] \rangle$ により定まります. V の階数を r とすると, V の生成元 $\alpha_1, \ldots, \alpha_r$ に対して, 交点行列 $A_f = (f(\alpha_i, \alpha_j))_{1 \le i,j \le r}$ が定義され, f が内積であることから A_f は対称行列であり, ポアンカレ双対定理から $|A_f| = \pm 1$ になります. したがって, r 次正方行列 A_f の固有値はすべて 0 でない有理数となります. このとき, 正の固有値の個数を p とし, 負の固有値の個数を n として, 交点行列の符号数を $\sigma(f) = p - n$ と定義します. 線形代数で学ぶシルヴェスターの慣性法則から, 符号数の値は V の生成元 $\alpha_1, \ldots, \alpha_r$ の取り方には依らずに定まります. そこで, 向きづけられた $4m$ 次元閉多様体 M^{4m} の**符号数** (signature) を

$$\sigma(M^{4m}) = \sigma(f) \in \mathbb{Z}$$

と定義します. 容易にわかることですが, 符号数の定義は諸々の選び方とは独立に多様体とその向きによってのみ定まります. また, $\sigma(-M^{4m}) = -\sigma(M^{4m})$ が成り立ち, 連結和 $\sharp$ に関して加法性 $\sigma(M_1 \sharp M_2) = \sigma(M_1) + \sigma(M_2)$ が成り立ちます. また, M^{4m} が境界多様体ならば, $\sigma(M^{4m}) = 0$ が従います. 証明はそれほど簡単ではなく, 解説していない新しい道具立ての説明が要るので省略します. 詳しくは [8] を参照してください. また, 交点

206 第 15 章 コボルディズム理論

形式 (内積) の同値の概念と階数が小さい場合の同値類の見分け方について
[6] で解説を与えたので，そちらも合わせて参照してください．

これらのことから，$[M_1^{4m}] = [M_2^{4m}]$ (コボルダント) ならば，$\sigma(M_1^{4m}) = \sigma(M_2^{4m})$ が成り立つことがわかり，符号数はポントリャーギン数と同じ振る
舞いをすることがわかります．

すでに求めたように，$H^2(\mathbb{C}P^2; \mathbb{Z}) \cong \mathbb{Z}$ なので，向きをしかるべく指定し
て，$\sigma(\mathbb{C}P^2) = +1$ を得ます．向きを逆に入れると，$\sigma(-\mathbb{C}P^2) = -1$ を得ま
す．同型写像 $\Omega_4 \to \mathbb{Z}$ の定義はもう明らかですね．$\sigma : \Omega_4 \to \mathbb{Z}$, $\sigma([M^4]) = \sigma(M^4)$ が同型写像を与えます．$p_1(\mathbb{C}P^2) = 3\alpha^2$ でしたから，

$$3\sigma(\mathbb{C}P^2) = 3 = 3\langle \alpha^2, [\mathbb{C}P^2] \rangle = p_J(\mathbb{C}P^2)$$

が成り立ち，準同型写像として $3\sigma = p_J$ であることもわかります．よって，
クロネッカー積による 4 次元の符号数公式

$$\sigma(M^4) = \frac{1}{3}\langle p_1, [M^4] \rangle$$

が得られました．

4 次元の唯一のポントリャーギン数は写像の特異点論による解釈が可能
です．向きづけられた 4 次元閉多様体 M^4 から $\mathbb{R}^3$ への安定写像 $f : M^4 \to \mathbb{R}^3$ を考えます．安定特異点は 3 種類で，それぞれ局所的対応は

（ 1 ） $(x, y, z, w) \mapsto (x, y, \pm z^2 \pm w^2)$ （折り目特異点）

（ 2 ） $(x, y, z, w) \mapsto (x, y, z^3 + xw)$ （カスプ特異点）

（ 3 ） $(x, y, z, w) \mapsto (x, y, z^4 + xw^2 + yw)$ （燕の尾特異点）

となります．なお，燕の尾特異点の局所形は 14 ページのイラストを参照．
その特異点集合 $S(f)$ は M^4 の余次元 2 の部分多様体ですから，M^4 の向き
を決めて自己交点数 $S(f) \cdot S(f) \in \mathbb{Z}$ が定義されます．このとき，トム多
項式の結果より，$[S(f)]_2^* = w_2(M^4)$ でしたが，$S(f) \cdot S(f) = p_J(M^4) = 3\sigma(M^4)$ が成り立ちます．これはトム多項式の考え方の延長線上にある内容
です．

乗りかかった船で，折角ですから最近発見されたさらに精密な符号数公式
を手短に紹介します．これも本来は「発展編」で述べるべき内容ですが，佐
伯修さんが写像の特異点論を用いた新しい形の符号数公式の証明を発見しま

した.

佐伯さんは，向きづけ可能な 4 次元閉多様体 M^4 から $\mathbb{R}^3$ への安定写像 $f: M^4 \to \mathbb{R}^3$ の特異ファイバーの分類を行い，III_8 ファイバーと名づけられたものに符号 ± 1 を定義しました．安定写像 f には，安定特異点として，折り目・カスプ・燕の尾の 3 種類の型が現れますが，折り目特異点集合 $S^{1,0}(f)$ は 2 次元部分多様体で，そこへの制限写像は $\mathbb{R}^3$ へのはめ込み写像になります．このはめ込み写像には一般に 3 重点が現れます．このときのある折り目特異値 $y \in \mathbb{R}^3$ の引き戻し $f^{-1}(y)$ として，III_8 ファイバーが得られます．その図は

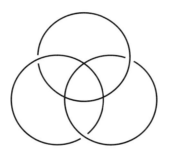

図 **15.1**　III_8 ファイバー

となります．

佐伯さんの公式は，写像 f に現れるすべての III_8 ファイバーについての符号の総和をとると，M^4 の符号数 $\sigma(M^4)$ に一致するという驚くべきものです．こうした考察から，折り目のみをもつ写像 $f: \mathbb{C}P^2 \to \mathbb{R}^3$ は存在しないことがわかります．つまり，カスプ特異点を解消する障害が $\mathbb{C}P^2$ の場合に存在するという意味になります．同様にして，折り目のみをもつ写像 $f: \mathbb{C}P^2 \sharp \mathbb{C}P^2 \to \mathbb{R}^3$ は存在しないことがわかります．しかしながら，折り目のみをもつ写像 $f: \mathbb{C}P^2 \sharp (-\mathbb{C}P^2) \to \mathbb{R}^3$ は，不思議なことに割合簡単に構成できます．$\mathbb{C}P^2 \sharp (-\mathbb{C}P^2)$ という多様体は，$\mathbb{C}P^2$ のブローアップから構成される多様体ですが，単なる連結和 $\mathbb{C}P^2 \sharp \mathbb{C}P^2$ ではそうはいかないのです．写像の特異点の解消について，連結和という操作とブローアップという操作では大きな違いが生じるという興味深い例を与えますが，なぜそうなるのかは

208　第 15 章　コボルディズム理論

まだ解明できていません.

さて続いて, 8 次元の符号数公式を求めてみましょう. まずは, $\mathbb{C}P^4$ と $\mathbb{H}P^2$ の符号数を求めます. これらはいままでの議論で何度か演習してきました. 特異点の個数が最少となるモース関数 $\mathbb{C}P^4 \to \mathbb{R}$, $\mathbb{H}P^2 \to \mathbb{R}$ とモース不等式より, $H^4(\mathbb{C}P^4; \mathbb{Z}) \cong \mathbb{Z}$, $H^4(\mathbb{H}P^2; \mathbb{Z}) \cong \mathbb{Z}$ がわかります. したがって, 4 次元の場合の $\mathbb{C}P^2$ のときと同じく,

$$\sigma(\mathbb{C}P^4) = \sigma(\mathbb{H}P^2) = +1$$

を得ます. 8 次元では, 2 つのポントリャーギン数が存在するので, 符号数公式は

$$\sigma(M^8) = ap_1^2[M^8] + bp_2[M^8] \tag{1}$$

の形に書けます. ここで, $z[M^8] = \langle z, [M^8] \rangle$ と略記しています. あとは有理数 a, b を求めればよいわけです.

まずは, $\mathbb{C}P^4$ のポントリャーギン類

$$p_1(\mathbb{C}P^4) = 5\alpha^2, \quad p_2(\mathbb{C}P^4) = 10\alpha^4$$

を得ます. 続いて, $\mathbb{H}P^2$ のポントリャーギン類は問 15.4 により

$$p_1(\mathbb{H}P^2) = 2u, \quad p_2(\mathbb{H}P^2) = 7u^2$$

です. (1) にそれぞれ $M^8 = \mathbb{C}P^4$, $\mathbb{H}P^2$ を代入すると, 連立方程式

$$1 = \sigma(\mathbb{C}P^4) = 25a + 10b$$
$$1 = \sigma(\mathbb{H}P^2) = 4a + 7b$$

を得ますが, これを解いて $a = -\dfrac{1}{45}$, $b = \dfrac{7}{45}$ を得ます. よって, 8 次元の符号数公式は

$$\sigma(M^8) = \frac{1}{45} \langle 7p_2 - p_1^2, [M^8] \rangle \tag{2}$$

となります.

ここまで来ると一般の符号数公式を求めたくなりますね. そのために代数的な準備も必要となりますが, すでに予定の紙数が尽きてしまいましたので, ここでやめておきましょう. 興味のある方は, [8] の第 19 章を参照して

ください.

15.5　結語

　コボルディズム理論の装備が整い，超モース理論への船出の一応の準備が完了しました．しかしながら，写像の特異点論の本格的な展開には，特異点論独自の道具立てとさらに多様体論そのものの熟知も要求されます．我々の目指す先は，トムが画策した「特異点論」の枠組みを脱出して，さらなる深みへと旅立つことです．しかしこれ以上の深入りは難しいので，取りあえずこれで，超モース理論をめぐる旅の「入門編」を終了します．お付き合いいただいた読者の皆様に心から感謝申し上げます．近い将来「発展編」で再びお会いできる幸運に恵まれたら幸いです．

参考文献

［１］ 『幾何学と特異点 (特異点の数理 1)』, 泉屋周一・佐野貴志・佐伯修・佐久間一浩著 (共立出版), 2001 年 5 月.

［２］ 『高校数学と大学数学の接点』, 佐久間一浩著 (日本評論社), 2012 年 9 月.

［３］ 「5 次の分水嶺 (空間編)」佐久間一浩, 『数学セミナー』2014 年 9 月号.

［４］ 『集合・位相——基礎から応用まで』, 佐久間一浩著 (共立出版), 2004 年 1 月.

［５］ 『復刊 初等カタストロフィー』, 野口広・福田拓生著 (共立出版), 2002 年 6 月.

［６］ 『数 "8" の神秘』, 佐久間一浩著 (日本評論社), 2013 年 8 月.

［７］ 『代数幾何における位相的方法』, ヒルツェブルフ著 (竹内勝訳, 吉岡書店, POD 版), 2002 年 3 月.

［８］ 『特性類講義』, J. W. ミルナー, J. D. スタシェフ共著 (佐伯修・佐久間一浩共訳, 丸善出版), 2012 年 7 月.

［９］ 『トポロジー』, 田村一郎著 (岩波全書 276), 1972 年 4 月.

［10］ 『トポロジー集中講義——オイラー標数をめぐって』, 佐久間一浩著 (培風館), 2006 年 7 月.

［11］ 『微分トポロジー講義』, (J. W. ミルナー著, 蟹江幸博訳, 丸善出版), 2012 年 9 月.

［12］ 『複素超曲面の特異点』, J. W. ミルナー著 (佐伯修・佐久間一浩共訳, 丸善出版), 2012 年 7 月.

［13］ 『理論物理学のための幾何学とトポロジー I (原著第 2 版)』, 中原幹夫著 (中原幹夫・佐久間一浩共訳, 日本評論社), 2018 年 11 月.

索引

記号・アルファベット

ε 近傍 20
C^∞ 安定 79
C^∞ 同値 79
h コボルダント 78
h コボルディズム定理 78
mod 2 写像度 61
r 次同値 185

あ

安定写像 48
安定特異点 79
安定平行化可能 176
鞍点 32
位相空間 23
位相多様体 92
位相的に安定 79
位相的に同値 79
位相不変量 115
一次独立 106
一葉双曲面 30
埋め込み可能 64
埋め込み写像 64
エキゾチック微分構造 93
オイラー標数 123
オイラー-ポアンカレの公式 129
横断的 73
折り目特異点 13, 74, 189, 206
　——の標準形 91

か

開集合 20, 23
開集合族 23
ガウス写像 147, 148
ガウス-ボンネの定理 147

カスプ特異点 13, 74, 84, 189, 206
　——の最少解消定理 161
完全不変量 149
基本群 192
球面のファイバー束実現問題 191
境界準同型 124
境界多様体 198
境界輪体群 124
強構造安定性の問題 80
局所座標 34, 92
　——系 92
距離関数 21
距離空間 21
クラインの壺 121
グラスマン多様体 103
クロネッカー積 199
クロネッカーのデルタ記号 101
クンマー曲面 175
形式的な和 123
交叉帽子特異点 54
交点行列 135
勾配ベクトル 62
弧状連結 23
コホモロジー群 139
コボルダント 77
コボルディズム群 77, 202
固有 81

さ

サイクル 124
ザイフェルト膜 198
鎖群 123

座標近傍 34, 92
　——系 92
座標変換 92
三角形分割 122
三重点 48
ジェット 186
ジェット横断性定理 187
ジェット拡大 187
ジェット空間 186
ジェット束 186
ジェネリック 49
次元 (複体の) 122
四元数射影空間 101
四元数射影平面 101
自己横断的 50
自己交点数 66
指数 38, 62, 109
沈めこみ写像 104, 190
実グラスマン多様体 103
実射影空間 101
実射影平面 101
実シュティーフェル多様体 101
自明束 190
自明なベクトル束 104
射影 104
射影空間 101
射影平面 101
弱構造安定性の問題 80
写像度 108
種数 118
シュティーフェル多様体 101
シュティーフェル-ホイットニー数 200

索引　213

シュティーフェル-ホイットニー類 140
商集合 25
推移律 24
スピン構造 144
スピン多様体 144
正規直交 k 枠 101
正則値 10, 60
正則点 10, 35, 57, 60, 70
正多面体 114
切断 104
接ベクトル束 104
全空間 190
全シュティーフェル-ホイットニー類 141
双曲的放物面 32
双対境界輪体群 139
双対鎖群 139
双対シュティーフェル-ホイットニー類 143
双対輪体群 139
束写像 140

た
対称律 24
代表元 25
楕円的放物面 31
楕円面 30
多重点 48
多面体 122
単体 121
単体分割 122
単体的複体 122
単連結 23
稠密性 24
頂点 121
超モース理論 42
燕の尾特異点 206
底空間 190
定値折り目特異点 91
テーラー展開 36
同型 (内積空間の) 135
同型 (ベクトル束の) 145
同値関係 24

同調している 130
同値類 25
特異値 10, 60
特異点 10, 35, 37, 60, 62, 70, 105
——解消化 158
特殊直交群 102
特殊ユニタリー群 102
特性数 149
トム多項式 74, 188
ドルド多様体 203

な
内積 134
内積空間 135
2 次曲面 30
2 次錐面 31
二次的トム多項式 167
二葉双曲面 30
ねじれ部分群 125
濃度 26

は
ハーバートの公式 178
はめ込み・埋め込み定理 64
はめ込み可能 64
はめ込み写像 48, 64
はめ込みの法ベクトル 152
反射律 24
引き戻し 140
非退化 (内積が) 135
非退化 (臨界点が) 37
非退化内積空間 135
非退化臨界点 41
非特異ベクトル場 105
微分構造 93
微分多様体 93
微分同相写像 94
標準ベクトル束 148
ファイバー 104
ファイバー束 190
複素グラスマン多様体 103
複素射影空間 101

複素射影平面 101
複素シュティーフェル多様体 101
複体 122
符号数 205
不定値折り目特異点 91
ブリスコーン多様体 96
ブローアップ 174
閉曲面の分類定理 136
平均値の定理 70
平行化可能 105
閉集合 23
閉多様体 92
ベクトル束 104
ベクトル場 100, 104
——の特異点解消定理 110
ベッチ数 125
ヘフリガーの写像の持ち上げ特異点解消定理 158
ベルンシュタインの定理 27
ポアンカレ双対定理 133
ホイットニー傘特異点 54, 161
ホイットニー合同式 66
ホイットニー・トリック 66
ホイットニーのはめ込み・埋め込み定理 64
ホイットニー和 141
法オイラー数 66
法束 153
ボーイ曲面 48
ボードマン記号 79
ホップ・ファイブレーション 191
ホモトープ 192
ホモトピー群 192
ホモトピー集合 192
ホモトピー類 192
ホモロジー群 125

ま

マクローリン展開 71
向きづけ可能 130
向きづけられた単体 123
無向コボルディズム群 203
面 122
モース関数 37, 62
モースの不等式 40
モースの補題 83, 87

モース不等式 63

や

ヤコビ行列 60
有向コボルディズム群 203
余次元 94

ら

良好次元対 81

臨界点 35, 37, 62
輪体群 124
零点 105
レベル曲面定理 102
連結 23
連結和 121
ローマ曲面 48

佐久間一浩（さくま・かずひろ）

1961 年　東京都世田谷区生まれ．
　　　　東京工業大学大学院理工学研究科修了，博士 (理学)．
現在　　近畿大学理工学部教授．
　　　　専門はトポロジー．
著書　　『大学数学への誘い』(2015，共著，日本評論社)
　　　　『数 "8" の神秘』(2013，日本評論社)
　　　　『高校数学と大学数学の接点』(2012，日本評論社)
　　　　『トポロジー集中講義』(2006，培風館)
　　　　『幾何学と特異点』(2001，共著，共立出版)
訳書　　『理論物理学のための幾何学とトポロジーⅠ (原著第 2 版)』
　　　　　　(2018，共訳，日本評論社)
　　　　『特性類講義』(2012，共訳，丸善出版)
　　　　『複素超曲面の特異点』(2012，共訳，丸善出版)

特異点のこころえ──トポロジーの本質を視るために

2019 年 5 月 30 日　第 1 版第 1 刷発行

著　者　　　　　　　　佐 久 間 一 浩
発行所　　　　　　株式会社 日本評論社
　　　　〒170-8474 東京都豊島区南大塚 3-12-4
　　　　　　電話　(03) 3987-8621 [販売]
　　　　　　　　　(03) 3987-8599 [編集]
印　刷　　　　　　藤原印刷株式会社
製　本　　　　　　株式会社難波製本
図　版　　　　　　　　　溝上千恵
挿　絵　　　　　　　　さくままみや
装　幀　　　　スタジオ・ポット (山田信也)

JCOPY 〈(社) 出版者著作権管理機構　委託出版物〉
本書の無断複写は著作権法上での例外を除き禁じられています．複写される場
合は，そのつど事前に，(社) 出版者著作権管理機構 (電話 03-5244-5088,
FAX 03-5244-5089, e-mail: info@jcopy.or.jp) の許諾を得てください．
また，本書を代行業者等の第三者に依頼してスキャニング等の行為によりデジ
タル化することは，個人の家庭内の利用であっても，一切認められておりま
せん．

© Kazuhiro SAKUMA 2019　　　　　Printed in Japan
　　　　　　　　　　　　　　ISBN978-4-535-78897-8

理論物理学のための
幾何学とトポロジーⅠ　原著第2版

中原幹夫【著・訳】佐久間一浩【訳】

理論物理学を学ぶ際に必須な
現代数学のエッセンス！

物理学に広く応用されるトポロジーと幾何学を解説。経路積分の説明を補い、内容の再編成をした。数学的な補足も充実。◆本体 4,500 円+税／B5判

数"8"の神秘
8という数に秘められた不思議な関係

佐久間一浩【著】

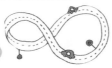

8は数学でも
縁起がいい！

'8'という数を通して見え隠れする興味深い性質を、8つのテーマから探る。幾何学や代数学の意外な繋がりも見えてくる。◆本体 2,000 円+税／A5変型

新版 4次元のトポロジー

松本幸夫【著】

トポロジーのすべてがわかる
4次元を知るための最良の入門書！

ポアンカレ予想の解決など近年の進展を加えた旧版に、「低次元トポロジーの50年」を語るインタビューを増補した充実の決定版。

◆本体 3,400 円+税／B5判

日本評論社
https://www.nippyo.co.jp/